| 일러두기 |

1 본문에 소개되는 물품들은 특정 상품이나 브랜드를 염두에 두지 않고, 생태친화적인 소비생활에 있어서 필요한 사항들을 소개하는 데 중점을 두었습니다. 추천하는 제조사나 브랜드 등은 책의 뒷부분에 따로 표기하여 참조할 수 있도록 하였습니다.

2 각 물품별로 함께 제공되는 가격 정보는 일정 기준을 충족하는 물품들을 선별하여 2009년 말을 기준으로 표기하였으며 구매 시기나 업체에 따라 가격이 달라질 수 있습니다.

도심 속 생태살림법의 시작!

자연을 담는
쇼핑의 지혜

한살림(권옥자, 정영희, 윤미라, 김현경)

살림Life

에코人이 함께 만든 책!
먼저 읽어 봤어요!

김선미 | 서울 종로구 부암동

좋은 사진과 깔끔한 편집 때문에 독자의 시선을 끌기 좋은 책이네요. 특히 먹을거리뿐 아니라 다양한 친환경 살림의 소재를 같이 다루는 것이 마음에 들어요. 마음 같아서는 살림을 시작하는 사람들한테 장바구니와 함께 세트로 주고 싶습니다. 좋은 선물이 될 것 같아요.

우미숙 | 경기도 성남시 정자동

친환경 먹을거리에 대해 막연한 생각이 있었는데, 하나하나 개별적으로 쇼핑 기준을 세울 수 있어서 도움이 됐어요. 본문에서 해당 제품의 판매처나 구입할 수 있는 방법을 찾았는데, 책 뒷부분에 정리되어 있네요. 당분간 주방에 두고 시간 날 때마다 들쳐 보려고 합니다.

심미영 | 서울 성동구 왕십리

곡식, 채소, 과일, 육류, 해산물 등 쉽게 접하고는 있으나 효과에 대해서는 모른 채 지나친 부분에 대해 알기 쉽게 설명되어 있어 도움이 되었어요. 이 책을 읽고 지구 살리기 첫걸음으로 장바구니를 잊지 않고 꼭 챙겨야겠다는 다짐을 해 봅니다. 바쁘게 생활하다보니 편리함만을 찾게 되는데 이 기회를 통해 다시 한 번 실천할 수 있는 그린라이프를 생각해 보아야겠어요.

최원선 | 서울 종로구 창신동

아이가 뱃속에 있으면서, 또 태어나면서부터 건강에 관심을 가지게 되었습니다. 그러다 살던 곳에 생협 매장이 있어 유기농 먹을거리를 구입하게 되었고 친환경적인 마인드를 가지고자 노력해 왔습니다. 관련 다큐나 뉴스에서 얻을 수 있었던 단편적인 정보와는 달리 이 책은 각 항목별로 조목조목 해로운 점과 이로운 점에 대해 알려 주어 속이 시원했네요. 더불어 잊히고 있던, 오랜 시간 누적된 조상들의 지혜로운 요소들도 배울 수 있어 요긴했습니다.

※ 살림로하스 원고 모니터링에 참여해 주신 한살림, 파주두레생협, 마포두레생협 조합원 100여 분께 감사드립니다.

4

도시에서 생태적으로 사는 법
쇼핑으로 시작하세요

'뭔가 다르다!' 생협에서 두부를 사면서 들었던 첫 느낌입니다. 상품의 좋고 나쁨과 가격이 비싼지 아닌지만 따져 구입하던 마트의 그것과는 사뭇 달랐습니다. 우리 땅에서 농약 없이 재배한 콩, 내 자식을 먹인다는 마음으로 농사짓는 농부의 정직한 땀, 화학첨가물이 없는 제조방식. 이렇게 만들어진 두부는 사람의 건강과 자연의 건강 그리고 농촌의 건강을 돕는 고마운 두부였습니다. 그때는 소비에도 가치가 부여될 수 있다는 생각은 미처 하지 못했던 때였습니다.

몸에 좋은 먹을거리와 생활재에 관심을 가지면서 서서히 장바구니에 담는 가치를 생각하게 됩니다. 나와 가족의 건강을 챙기기 위해 친환경 물건을 찾았으나 그것들이 자연을 지키고 조화를 이루는 생활방식이란 것을 누군가에게 전해 주고 싶었습니다. 그래서 이 책에 실린 99가지 물품은 우리 밥상과 생활에서 빼놓을 수 없는, 가장 기본이 되는 필수품으로 골랐습니다. 친환경으로 재배되는 먹을거리, 환경을 생각하는 생활용품, 자연을 닮은 삶을 실천할 수 있는 곳을 소개하여 도시에서도 자연과 조화를 이루는 삶을 살 수 있다고 말하고 싶었기 때문입니다.

시간이 갈수록 자연과 조화를 이루는 로하스적인 삶을 추구하는 사람들이 많아졌습니다. 지구환경에 미칠 영향을 고려해 구매를 결정하며, 지속가능한 재료와 기법으로 생산된 제품을 선호하는 이러한 사람들을 로하스族 혹은 에코族이라고 한다지요. 하지만 이런 심리를 이용해 몇몇 기업들은 '로하스'를 마케팅 기법으로 이용하고 있어 안타까울 때도 있어요. 그래서 물건을 사는 소비자들이 더욱 똑똑해질 필요가 있는 것이겠지요. 우리가 똑똑해질수록, 더욱 깐깐하게 물건을 고를수록 제품을 생산하는 기업들이 조금이라도 건강하고 환경에 이로운 것을 만들테니까요. 그런 바람을 모아 99가지 생활재를 소개합니다. 환경을 보호한다는 것은 멀리 있는 것이 아니라 장바구니에서 시작한다는 마음으로 가볍게 읽으셨으면 좋겠습니다.

한눈에 보는 레시피

01 곡식 채소 과일

쌀 14
콩 15
잎채소 16
콩나물 17
건나물 18
뿌리채소 19
마늘 19
열매채소 21
스위트콘 22
표고버섯 23
딸기 24
포도 25
귤 26
사과 26
견과 28
홍시와 곶감 29

02 육류 해산물 반찬

고기 34
유정란 36
햄과 소시지 37
우유와 치즈 38
산양유 39
수산물 40
해조 41
어묵 42
김장 젓갈 43
김 44
소금 46
장류 48
청국장 49
고춧가루 51
천연조미료 51
참깨와 들깨 52
참기름과 들기름 53
현미유 54
식초 55
마요네즈와 케첩 56
조청 57
밀가루 58
쌀국수 59
라면 60
김치 61
두부 62
도토리묵 64
단무지 65
추어탕 65

03 음료 간식 외식

미숫가루 70

두유 70

녹차 72

오미자 원액 73

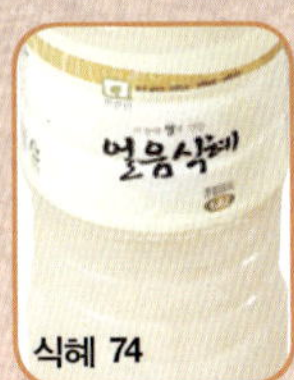
식혜 74

과일주스 74

와인 76

도라지청 77

매실청 78

꿀 79

떡 80

과자 81

빵 82

잼 83

빙과 84

친환경 식당 85

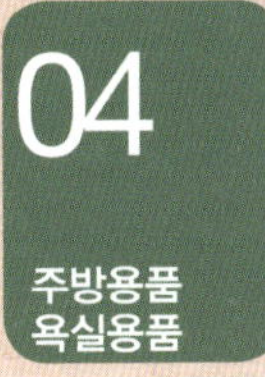
04
주방용품
욕실용품

장바구니 90

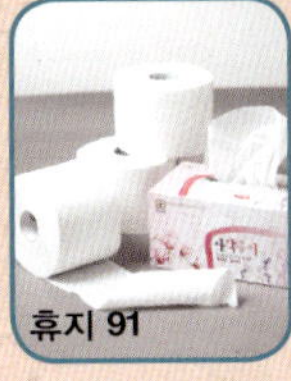
휴지 91

조리도구 92

수세미 93

무쇠솥 94

옹기 95

유리 밀폐용기 96

도마 96

주방세제 99

세탁비누 99

가루비누 100

다용도 세척제와
섬유유연제 100

가정용 미생물 101

세숫비누 102

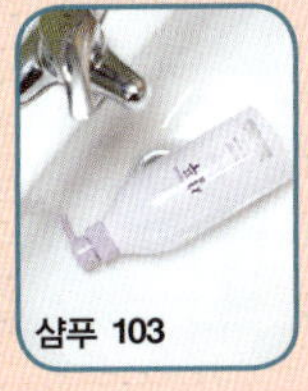
샴푸 103

치약 103

05
생활용품

화장품 106

의류와 잡화 107

이불 108

베개 109

아토피용
보습제 110

아기옷 111

면 생리대 112

숯침대 112

숯 113

벽지 114

가구 115

모기장 116

자전거 117

상자 텃밭 118

재활용
나눔 가게 118

장난감 도서관 119

재생 공책 120

신문지 연필 120

환경교육 교구 123

축구공 123

생활협동조합 125

실외등 125

차례

01 chapter 01

곡식·채소·과일

01 **쌀**_사람과 자연을 두루 이롭게 **14**
02 **콩**_우리 땅, 별의 별 콩을 다 골라 먹자 **15**
03 **잎채소**_생채로 와사삭 싱싱하게 먹으려면 **16**
04 **콩나물**_뿌리가 긴 것을 찾자 **17**
05 **건나물**_바람과 햇살을 머금었다 **18**
06 **뿌리채소**_건강한 땅 속에서 자라야 한다 **19**
07 **마늘**_토종의 힘을 느끼자 **19**
08 **열매채소**_천천히 제대로 맺혀 완전히 익어야 진짜 **21**
09 **스위트콘**_마음 놓고 먹어 보자 **22**
10 **표고버섯**_벌레도 약간 있어야 **23**
11 **딸기**_개구리가 뛰노는 밭의 생기 **24**
12 **포도**_씨와 껍질이 영양의 보고 **25**
13 **귤**_피부가 숨을 쉬듯이 **26**
14 **사과**_붉은 빛깔 통째로 먹자 **26**
15 **견과**_주전부리의 대표주자 **28**
16 **홍시와 곶감**_호랑이는 매끈한 곶감이 무섭다 **29**

LOHAS Story 제철 식품이 궁금하다 **30**

02 chapter 02

육류·해산물·반찬

17 **고기**_잡식성 인류를 위한 선택의 기준 **34**
18 **유정란**_부화할 수 있어야 진짜 달걀 **36**
19 **햄과 소시지**_고기의 맛을 살리고 살려 **37**
20 **우유와 치즈**_유기농으로 맑고 건강하게 **38**
21 **산양유**_엄마젖에 가까운 자연의 선물 **39**
22 **수산물**_같은 바다, 그러나 차이는 분명하다 **40**
23 **해조**_푸른 바다 맛이 물씬 **41**
24 **어묵**_재료의 맛이 느껴지네 **42**
25 **김장 젓갈**_김치 맛은 우리에게 달려 있다 **43**
26 **김**_햇볕과 바람을 담다 **44**
27 **소금**_몸의 영양 균형을 유지한다 **46**
28 **장류**_햇살 아래 자연 발효 **48**
29 **청국장**_콩과 볏짚이 만났다 **49**
30 **고춧가루**_눈으로만 고르면 안 돼 **51**
31 **천연조미료**_바로 이 맛이야! **51**
32 **참깨와 들깨**_고소함도 우리 것이 최고여 **52**
33 **참기름과 들기름**_마지막 한 방울이 진짜 **53**
34 **현미유**_쌀겨에서 고소함을 짜다 **54**
35 **식초**_내 몸을 살린다 **55**
36 **마요네즈와 케첩**_신선한 재료로 싱싱하게 **56**
37 **조청**_가래떡은 조청을 좋아해 **57**
38 **밀가루**_우리밀 1kg은 밀밭 1평을 늘린다 **58**
39 **쌀국수**_우리밀에 쌀을 보태서 **59**
40 **라면**_그래도 먹어야겠다면 **60**
41 **김치**_김치도 제철이 있다 **61**
42 **두부**_콩에서 탄생한 완전식품 **62**
43 **도토리묵**_중금속아 물렀거라! **64**
44 **단무지**_새콤 달콤 아삭함에 속지 말자 **65**
45 **추어탕**_미꾸라지의 족보를 따져 보자 **65**

LOHAS Story 식품 안에 들어가는 화학물질 **66**

chapter 03
음료 · 간식 · 외식

46 **미숫가루**_사시사철 든든하다 **70**
47 **두유**_여성과 궁합이 잘 맞는 **70**
48 **녹차**_중금속을 잡아 주는 은근한 힘 **72**
49 **오미자 원액**_지치고 피곤할 때 그만 **73**
50 **식혜**_우리 것이 좋은 것이여~ **74**
51 **과일주스**_수입 오렌지는 이제 그만 **74**
52 **와인**_포도밭의 맑은 기운이 가득 **76**
53 **도라지청**_기침 뚝! 감기 뚝! **77**
54 **매실청**_우리 몸의 청소부 **78**
55 **꿀**_자연의 축복이 몸에도 축복이어야 **79**
56 **떡**_눈으로 고르지 말자 **80**
57 **과자**_자연 미각을 해치치 않아요 **81**
58 **빵**_갓 구워낸 빵에 속지 않기 **82**
59 **잼**_과육이 씹히네 **83**
60 **빙과**_아이스크림의 양심선언 **84**
61 **친환경 식당**_집밖에서도 안심 **85**

LOHAS Story 집밥과 외식 **86**

chapter 04
주방용품 · 욕실용품

62 **장바구니**_지구 살리기의 첫걸음 **90**
63 **휴지**_피부에 닿으니 골라 써야지 **91**
64 **조리도구**_뜨거운 물에도 환경호르몬 걱정 없는 **92**
65 **수세미**_세균 걱정 없고 경제적인 아크릴 **93**
66 **무쇠솥**_에너지 절약과 철분을 동시에 **94**
67 **옹기**_숨 쉬는 항아리가 진국을 만드네 **95**
68 **유리 밀폐용기**_투명함이 맛깔스러움을 더하여 **96**
69 **도마**_향긋한 소나무에 옻칠을 입혔네 **96**
70 **주방세제**_합성 계면활성제 정말 나빠! **99**
71 **세탁비누**_빨래는 비누가 짝꿍! **99**
72 **가루비누**_세탁기에도 진짜 비누를 넣어 주자 **100**
73 **다용도 세척제와 섬유유연제**_자극 없이 말끔하게 **100**
74 **가정용 미생물**_미생물의 도움으로 생활에 윤기를 **101**
75 **세숫비누**_투명한 피부미인으로 거듭나기 **102**
76 **샴푸**_머리에 화학약품을 쓰지는 말자 **103**
77 **치약**_삼켜도 괜찮을까? **103**

chapter 05
생활용품

78 **화장품**_피부에 바르는 것이라면 자연에 가깝게 **106**
79 **의류와 잡화**_모든 자원에 패션을 입힌다 **107**
80 **이불**_개운한 아침을 약속하는 편안한 잠자리1 **108**
81 **베개**_개운한 아침을 약속하는 편안한 잠자리2 **109**
82 **아토피용 보습제**_자연에 가깝게 돌봐 줘야지 **110**
83 **아기옷**_자연과 닮은 우리 아기 건강하게 키우기 **111**
84 **면 생리대**_여성의 몸은 생명의 뿌리 **112**
85 **숯침대**_수맥까지 차단하는 침대 **112**
86 **숯**_그 신비한 힘은 어디까지일까 **113**
87 **벽지**_공기정화기보다 먼저 벽지를 **114**
88 **가구**_안락함 속에 도사린 위험을 걷어 내자 **115**
89 **모기장**_살충제로 사람 잡는 일은 이제 그만! **116**
90 **자전거**_어떠한 공해도 낳지 않는 이동의 자유로움 **117**
91 **상자 텃밭**_잎도 먹고, 꽃도 보고, 열매도 냠냠 **118**
92 **재활용 나눔가게**_순환을 통해 나눔을 실천하다 **118**
93 **장난감 도서관**_집안을 장난감 창고로 만들지 말아야 **119**
94 **재생 공책**_사라진 산을 되찾을 순 없지만 **120**
95 **신문지 연필**_폐지의 알뜰한 변신 **120**
96 **환경교육 교구**_재미있는 에너지 교육 **123**
97 **축구공**_만드는 이도 공을 차는 이도 신나 **123**
98 **생활협동조합**_함께 힘을 합쳐 더 나은 생활을 **125**
99 **실외등**_태양으로 불 밝히다 **125**

믿고 살 수 있는 친환경 매장 **126**
나에게 맞는 유기농 가게 찾기 **130**
유기농 전문점 소개 **131**

장바구니에 생명을 담는 에코쇼핑

바야흐로 녹색의 시대. 대형마트에는 유기농 코너가 필수가 되었고, TV·신문·인터넷 등 각종 매체 역시 친환경적인 소재를 발굴해 내느라 여념이 없다. 부쩍 늘어난 환경단체에는 회원들이 쉴 새 없이 드나든다. 모두가 녹색을 이야기하며 녹색을 소비하고 있지만, 과연 우리가 입고 먹고 마시고 즐기는 모든 것들이 진짜 푸르름이 살아 있는 진정한 녹색일까?

녹색은 곧 생명이다

자연의 섭리대로 자라고 자연의 이치에 거스르지 않게 준비된 것만이 온전한 녹색이라 할 수 있다. 우리의 삶을 녹색 공간으로 물들이기 위해서는 생명에 대한 이해와 존경이 먼저 필요하다. 이제 장바구니에 생명을 담자. 장바구니에 담긴 하나하나의 생명들은 나와 가족, 우리 모두에게 온전한 먹이가 되고, 그 힘으로 우리는 또 다른 생명을 싹 틔울 수 있으며, 이렇게 피어난 생명으로 우리의 생명도 계속 이어져 간다. 숨결이 끊이지 않는 거대한 생명의 사슬고리를 만드는 일, 이제 시장을 보는 일상으로부터 시작이다.

자원 순환과 생태계 보호

생태계 보전과 함께 사회 체제를 유지시키기 위해서는 자원 '채취→생산→소비→폐기'와 같은 일방통행의 생산·소비 구조를 전면적으로 개편하여 물질을 끊임없이 순환시키는 생활양식으로의 변화가 필요하다.

이를 위해서는 물건을 고를 때 혹시 충동구매로 불필요한 것을 담지는 않았는지 한 번 더 따져 보는 것이 좋다. 계획에 없는 충동구매는 순환되지 않는 쓰레기를 만들기 쉽기 때문이다. 또 포장재도 필요 없는 쓰레기가 되지는 않는지, 재생 가능한 것인지 점검하는 습관을 기른다. 화려하고 복잡한 포장재가 제품의 이미지를 좋게 할 수는 있겠지만, 결국 소비자에게 비용을 전가하고 환경에는 부담만 더할 뿐이다.

시장을 볼 때 고려해야 할 다섯 가지

1 친환경 농산물

벌레를 잡고 잡초를 제거하거나 양분을 채우고자 뿌렸던 농약과 화학비료가 사람을 비롯하여 다른 생명에 위협을 가하고 물과 토양을 오염시키고 있다. 이런 관행 농업은 더 많은 에너지를 소모하여 지구온난화를 부채질하기도 한다. 자연의 이치에 따라 기르고 돌보는 유기농업이야말로 나와 세상의 생명을 지키고 살리는 일이다.

2 제철 음식

우리 땅은 사계절이 뚜렷하여 철마다 제철 음식이 따로 있다. 제철 음식은 재료 본연의 상태가 최상일 때 이용하므로 맛과 품질이 최절정이기도 하지만, 기후와 사람들의 건강상태까지 고려한 것이기 때문에 까다롭게 고집할 필요가 있다.

3 안전성

유기농 식품은 농약과 합성보존제를 사용하지 않기 때문에 식구 수에 맞춰 적당량을 구입하고 빠른 시일 내에 먹는 것이 좋다. 가공식품은 상표와 상품명, 제조연월일, 유통기한과 포장의 이상 유무를 확인하고 원재료와 첨가물 등을 점검한다. GMO 등 믿을 수 없는 재료나 불필요한 합성첨가물이 들어가 있는 경우는 장바구니에 담지 않는다.

4 합리적 경제성

아무리 좋은 제품이라도 합리적 가격은 필수. 가격에는 제품 생산 과정이 함축되어 있기 때문에 이유 없이 비싼 것도 문제지만, 이유 없이 싼 것에도 의문을 가지는 게 좋다. 또 유기농산물의 가격에는 농약 등 유해물질의 처리 비용, 수질과 토양의 정화 비용, 야생종 손실에 따른 비용과 불필요한 의료. 의약품 비용 등을 아낄 수 있는 기회비용 절감 효과가 들어 있다. 합리적 구매를 위해 우리가 절약해야 할 것은 불필요한 유통과 광고·마케팅 수입을 위해 소비자에게 전가되는 비용임을 생각하자.

5 원산지

국경 없는 세계화의 현실 속에서 무엇을 구매하든 원산지 점검은 필수이다. 특히 수천, 수만 킬로미터 떨어진 곳에서 운송해 오는 먹을거리는 안전성을 담보하기 어렵고, 운송 과정에서 많은 온실가스를 배출하는 등 지구 환경에도 짐이 된다. 가능하면 국내산 원재료를 확인하고 그중에서도 내가 살고 있는 곳에서 가장 가까운 지역에서 생산되는 제품을 선택한다.

chapter 01

곡식·채소·과실

겉으로는 다 같아 보여도 피가 되고 살이 되는 밥상은 따로 있는 법.
매일 접하기 때문에 오히려 잘 알지 못하는 먹을거리가 많다.
잘 차려진 한 상을 마주하기 전에 먼저 농산물이
어떻게 길러지는지 본바탕부터 살펴보자.

 사람과 자연을 두루 이롭게

자연과 동식물이 어우러진 생명의 터전 논. 논에서 자라 많은 나라와 인류를 먹여 살려 온 쌀은 가장 많이 또 자주 내 몸과 만난다. 그래서 그 어떤 먹을 거리보다 더욱 꼼꼼하게 고를 필요가 있다.

우선 재배방식을 살펴 농약과 화학비료를 사용하지 않고 지력과 유기물 등 자연의 힘으로 생산한 유기농 쌀을 선택하는 것이 좋다. 자운영, 헤어리베치와 같은 식물이나 유기 축분을 퇴비로 주고 우렁이나 오리를 풀어 놓아 제초를 담당하게 하며 미생물 제제 등으로 병충해를 막는 유기 농업은 무수히 많은 생물이 살아 있는 논을 만들어 낸다. 많은 생물이 함께 키워 낸 쌀 한 톨은 화학약품의 독성으로부터 자유로울 뿐 아니라 자연 그대로의 유기물질을 더 많이 함유하고 있으며 토양을 기름지게 하는 효과를 발휘한다.

여기에 또 하나, 현미를 곁들인다면 식이섬유와 비타민B, E 등을 보충하여 튼튼한 장과 혈관을 만들 수 있다.

백미, 오분도미, 현미

벼의 도정 정도에 따라 쌀겨 층을 완전히 벗겨 낸 것이 백미이고 왕겨만 벗기고 쌀겨 층을 남긴 것이 현미이다. 절반 정도만 벗겨 낸 오분도미는 현미보다 껍질을 더 벗겨 내서 비타민, 미네랄, 섬유질 등의 영양분은 적지만, 쌀눈과 표피가 남아 있어 백미에 비해 칼슘과 인은 두 배, 비타민B는 세 배, 비타민E는 열 배 가량 더 함유하고 있다. 압력솥 없이도 현미보다 밥 짓기가 쉽고 식감도 부드러운 편이다.

유기농 백미 4kg 15,000~18,000원
유기농 오분도미 4kg 15,000~18,000원
유기농 흑미 1kg 7,500~9,800원
유기농 녹미 1kg 7,600~13,000원

콩 우리 땅, 별의 별 콩을 다 골라 먹자

우리나라에서 콩을 재배해 먹기 시작한 것은 적어도 2,000년 전으로 그 긴 세월 동안 콩을 중심으로 하는 식문화가 유지·발전되었다. 쓰임도 다채롭게 변신해서 된장, 간장, 콩나물, 두부, 콩국, 두유 등으로 즐기고 있다.

콩은 오래된 역사와 식품발달에 걸맞게 그 종류도 만만치 않은데 한반도에만 900여 품종이 퍼져 있다고 한다. 그러나 언제부터인지 값싼 수입콩이 물밀듯이 들어와 밤콩, 울타리콩, 청태, 얼룩콩, 쥐눈이콩 등 수없이 많던 우리나라 콩들이 설 자리를 잃게 되었다.

각각의 콩들은 이름과 빛깔만큼 다양한 맛과 영양을 지니고 있으며, 무엇보다 수입산과 달리 유전자조작에서 자유롭다. 유전자조작 여부를 확인하기 위해서 콩은 물론, 콩 가공식품의 원산지를 확인하는 습관이 필요하다. 콩을 많이 재배하면 지력이 좋아져서 농사에도 더욱 도움이 된다.

콩의 영양

콩은 2대(大) 1소(小)의 특성을 가지는데 단백질(40%)과 지방(20%)은 풍부하고 전분이 거의 없어 일반적인 곡물과 달리 영양 조성이 육류에 가깝다. 또 체내 콜레스테롤을 낮추고 장내 유용 세균을 번식시키는 기능도 한다.

메주콩 1kg 6,000원대
황태콩 500g 5,00원대
쥐눈이콩 1kg 7,000원대
청태콩 500g 5,000원대

한식 식단에서 빠지지 않고 등장하는 것이 여러 가지 생채류다. 뿌리나 열매채소도 많이 먹지만 역시 가장 많이 상에 오르는 품목은 상추, 배추와 같은 잎채소이다.

잎채소들은 효소와 엽록소를 그대로 섭취할 수 있어 인체의 자체 정화 능력을 향상시키는 기특한 일을 한다. 그러나 익히지 않고 살짝 씻어만 먹기 때문에 잔류농약이 남아 있을 가능성이 있고, 더욱이 셀러리나 파슬리처럼 잎이 많은 채소는 농약을 씻어 내자고 물에 여러 번 씻으면 귀한 영양분을 함께 씻어 버릴 우려가 있어 신중하게 구입하는 것이 좋다.

생채로 이용하는 잎채소는 친환경 재배 방식으로 기른 것인지 꼭 확인한다. 잎에 벌레가 먹은 흔적이 약간 남아 있고 저장기간이 짧을 수는 있지만 살충제, 제초제, 성장호르몬제 등으로부터 가족을 지켜 내는 방법이다.

유기농 **상추** 200g 1,600원, 유기농 **깻잎** 30장 800원
유기농 **대파** 700g 1,800원, 유기농 **치커리** 100g 700원
무농약 **로메인** 150g 1,100~2,700원
유기농 **베타쌈배추** 150g 1,400원

04 콩나물 뿌리가 긴 것을 찾자

별다른 양념 없이 소금과 참기름만으로 조물조물 무쳐도 고소한 향이 입맛을 돌게 하는 콩나물. 저렴하면서도 다양한 음식에 요긴하게 쓰이는 콩나물은 물만 먹고 자라는 데도 단백질, 칼슘, 각종 무기질이 많아 실속 만점의 채소라 할 수 있다.

콩나물을 고를 때는 두 가지를 살펴본다. 가장 중요한 건 역시 콩. 시중에 나온 콩나물 중에는 재배는 국내에서 하지만 콩은 저가의 수입산이기 십상인데 재배를 안전하게 잘 했더라도 콩 자체가 농약이나 유전자조작으로 오염되어 있다면 소용이 없으니 주의한다.

재배 과정 역시 잘 살펴봐야 된다. 업소용으로 나가는 콩나물은 부패방지제, 성장촉진제 등을 사용해 빠른 시일 안에 굵게 키워 내지만 조직이 연하고 고소한 맛도 덜하다. 무농약으로 재배한 콩나물은 짧고 튼튼한 몸통에 가느다란 뿌리가 발달하고 조직이 치밀하다.

콩나물 300g 1,200원
황쥐콩나물 300g 2,300원
콩나물콩 500g 4,600원

05 건나물 바람과 햇살을 머금었다

고사리, 취나물, 무말랭이 등 건나물은 봄부터 겨울까지 나오는 제철 채소를 깨끗이 데쳐 말려 두었다가 주로 겨울철에 먹는다. 비닐하우스에서 철모르고 자란 채소들과는 달리 제철 음식으로서의 기능을 톡톡히 할 뿐만 아니라 햇볕에 말렸다면 그 과정에서 영양 성분이 더 강화되어 추운 계절의 건강에 도움이 된다.

건나물은 수분이 적고 중량이 낮아 저장과 이동성이 좋지만 이 때문에 해외로부터 수입된 저가 나물이 많이 유통된다. 수입 건나물은 재배 과정을 확인하기 어렵고, 데치거나 말리는 과정도 투명하지 않아 겉모습만 보고 무턱대고 집어 들기가 어려운 실정.

일단은 믿을 수 있는 판매처를 이용하는 것이 최선이다. 원산지를 분명히 표기하는 곳을 선택하고 생산 과정을 자세하게 안내하는 생활협동조합을 이용한다면 농약이나 표백제, 방부제 등으로부터 안심할 수 있고 생산자와 교분도 쌓을 수 있는 기회를 만들 수 있다.

자연산 고사리 70g 7,900원
유기농 무말랭이 200g 3,200원
무농약 뽕잎나물 100g 4,200원
무농약 연근말림 100g 2,800원
무농약 우거지 70g 1,600원

06 뿌리채소 건강한 땅 속에서 자라야 한다

무, 당근, 연근, 고구마 등 뿌리채소는 먹는 부분이 땅 속에서 자라기 때문에 토양의 건강 상태가 뿌리에 직접적인 영향을 미친다. 수확량을 늘리기 위해 화학비료를 많이 사용하면 염류가 쌓여 토양을 오염시키고 오히려 채소의 영양분 흡수를 방해하여 다시금 화학비료를 더 많이 사용하게 되는 악순환을 불러일으킨다. 토양에 축적되는 중금속도 문제다. 적절한 토양 관리가 이뤄지지 않으면 수은, 카드뮴, 아연, 납 등을 뿌리채소를 통해 곧바로 섭취할 가능성이 있으며 구토와 설사, 호흡곤란, 시력장애 등의 부작용을 일으킬 수 있다.

뿌리채소를 자연 그대로 온전하게 먹으려면 우선 건강한 밭에서 자란 것인지 확인하는 것이 좋다. 건강한 밭이란 여러 종류의 작물을 번갈아 재배하는 윤작을 하면서 화학농법보다는 천연 유기물을 이용해 지력을 향상시키고, 천적이나 다른 식물들의 힘으로 병충해를 막는 밭이다.

유기농 감자 2kg 3,600원
유기농 무 1kg 1,400원
무농약 밤고구마 2kg 4,400원
유기농 양파 1kg 1,700원

07 마늘 토종의 힘을 느끼자

현재 우리나라에서 유통되고 있는 마늘의 70퍼센트 이상은 중국산. 먼 타국에서 기른 농산물이라 재배와 유통 과정을 확인하기 어렵다. 대개 기준치 이상의 화학방제를 실시했을 가능성이 높고 운송 중 부패되는 것을 막기 위해 각종 인위적인 보존법을 쓴다는 것은 잘 알려진 사실.

반면 우리나라의 마늘은 가을에 파종하여 겨울을 나는 저온성 작물이라 병해충 발생이 적어 유기농법으로 재배하기가 비교적 쉽다. 더구나 토종 마늘은 수입 마늘에 비해 항암효과가 56배나 높고 살균효과도 더 강력하다는 연구 결과도 있다.

국내산과 수입산을 육안으로 구분할 수 있는 방법은 뿌리에 있다. 국내산은 흙이 묻어 있는 잔뿌리가 풍성하지만 수입산의 경우는 대부분 잔뿌리가 없다. 통관 절차를 거치기 위해 미리 제거해야 하기 때문. 또 수입산은 깐마늘이나 다진 마늘 형태로 많이 유통되므로 믿을 수 있는 곳이 아니라면 손질된 마늘을 구입하는 것은 금물이다.

유기농 마늘 2kg 16,000~30,000원

19

열매채소 천천히 제대로 맺혀 완전히 익어야 진짜

하나의 작물이 자라 땅으로 사라지기 전에 마지막으로 내놓는 것이 종자, 바로 열매이다. 열매는 그 자체로 생명을 틔울 수 있는 완전한 생명체인데, 사실 작물은 바로 이 열매를 만들기 위해 태어나고 자라는 것이나 마찬가지이다. 밥상에서 가까이 접할 수 있는 열매로는 오이, 호박, 고추, 가지와 같은 채소가 있다. 이런 채소들은 맛과 향기가 좋고 영양이 풍부해 사람 외에 벌레들도 좋아해 진딧물, 응애와 같은 해충이 쉽게 생기고 병도 걸린다. 그래서 친환경 재배 농가에서는 토양을 소독하거나 내병충성 종자를 선택하고 생육기간을 조절하는 식으로 병을 예방하고 미생물이나 식물추출제, 천적 등을 이용하여 채소를 지킨다.

화학비료보다 퇴비를 만들어 사용하기 때문에 성장 속도가 느릴 수 있지만 충분한 햇빛을 받고 살아 있는 토양으로부터 영양분을 고스란히 흡수해 튼실하게 자란 열매는 완전히 익었을 때 수확하는 것이 좋다. 그러자면 도농 직거래 등 유통과정이 짧은 곳에서 구매하는 것이 편리하다.

조선오이 3개 1,600원, **유기농 가지** 2개 800원
유기농 애호박 1개 1,200원, **유기농 꽈리고추** 200g 1,400원

옥수수 병조림 310g 3,000~4,000원

09 스위트콘 마음 놓고 먹어 보자

옥수수의 다양한 변신이 가능한 것은 스위트콘이라 불리는 가공식품 덕분 (?)이다. 사실 스위트콘은 옥수수 품종 중 하나로 배젖에 당이 많아 단맛이 강한 감미종을 뜻하는데, 설탕을 넣어 삶은 후 통조림에 담아 상용화한 것을 부르는 말로 쓰이고 있다.

그러나 이런 스위트콘의 이면은 자연과 상당한 거리가 있다. 일단 원재료로 쓰이는 대부분의 옥수수는 해외의 초대형 농장에서 화학 방제에 의존해 자라고, 농약을 좀 덜 쓴다는 농장에서는 십중팔구 유전자조작 옥수수를 키운다. 또 수확 후에도 먹음직스러운 빛깔과 감칠맛을 내기 위해 발색제와 화학 조미료로 버무리고 중금속이나 발암물질을 유발할 수 있는 통조림에 담아내니 불안하기 짝이 없다.

옥수수는 직접 삶아 먹는 것이 가장 좋지만 가끔은 단내 도는 삶은 옥수수 알이 필요할 때도 있는 법. 국내산 무농약 옥수수를 설탕과 소금만 넣어 삶은 후 유리병에 담아낸 제품이 대안이 될 수 있다.

표고버섯 벌레도 약간 있어야

모든 친환경 농사가 그렇듯 표고버섯 농사도 쉽지가 않다. 농약을 쓰지 않기 때문에 병충해의 예방에 가장 심혈을 기울이는데 주변에 농약을 쓰는 밭이나 과수원이 있는 곳을 피하고 가장 깨끗한 장소를 선택하여 버섯균의 접종에 필요한 도구를 완벽하게 살균. 소독하는 것으로 농사를 시작한다.

참나무 원목에 버섯균을 접종한 후에는 맛난 버섯을 먹으려는 민달팽이나 톡톡이, 풍뎅이 등 벌레가 모여들기 마련. 무농약 재배 농가에서는 해충을 쉽게 퇴치할 수 있는 약제를 쓰지 않고 일일이 손으로 잡아낸다. 이렇게 1년을 조심조심 키워야 보드랍고 촉촉한 버섯이 밥상에 오를 수 있다.

최근에는 4~5개월 만에 속성으로 좀 더 손쉽게 키울 수 있는 톱밥 재배도 생겼지만, 참나무 원목에 재배한 표고버섯의 육질이나 맛과 향을 따라가기는 어렵다. 톱밥 재배 표고버섯은 밑동에 톱밥이 묻어 있기도 하므로 눈으로 확인해 보자.

무농약 생표고버섯 300g 4,400원
무농약 말린 표고버섯 150g 7,900원
유기농 표고가루 60g 3,800원

딸기는 병충해가 많은 작물이다. 열매를 맺기도 전에 시들음병에 걸려 입이 다 말라 버리거나, 어렵사리 열매가 맺혀도 곰팡이병에 걸려 제대로 빛깔 한번 내 보지 못하는가 하면, 응애 벌레가 생겨 수액을 다 빨아 먹기 일쑤다.

농약을 이용하면 손쉽게 딸기를 출하할 수 있지만 친환경 재배 농가에서는 건강한 토양 관리에 더 애를 쓰고 천적을 기르거나 마늘과 같은 작물을 밭 주위에 길러 병충해를 막는다. 예를 들어 충북 제천의 한 딸기 농가는 딸기의 상품성을 크게 떨어뜨리는 진딧물을 천적으로 퇴치해 무농약, 친환경 딸기를 생산하고 있다. 진딧물을 잡아먹는 콜레마니진디벌이 그것인데 꿀벌인 수정 벌이 딸기의 수분을 돕는 동안 콜레마니진디벌은 진딧물에 알을 낳는다. 이 알이 진딧물 내부에서 부화해 진딧물을 먹이로 삼고 진디벌이 활동하게 되는 것이다. 다 자라도 1밀리미터도 안 돼 눈에 보일 듯 말듯 하지만 콜레마니진디벌도 엄연한 벌이고, 벌을 키우는 조건도 열 포기씩 두 무더기의 보리만 심어 놓으면 된다.

이 외에도 딸기는 품종을 확인해 보면 좋은데 미녀봉이나 금향은 생산량은 적지만 겉이 연하고 속이 단단할 뿐만 아니라 품종의 특성상 열매가 빨리 맺혀 겨울철에도 좀 더 친환경적으로 재배할 수 있다.

유기농 · 무농약 딸기 1kg 5,400~9,000원

포도 씨와 껍질이 영양의 보고

포도의 진면목은 과육이 아닌 씨와 껍질에 있다. 껍질에는 레스베라트롤이라는 항스트레스성 물질이 있는데 항산화와 항암작용 등 다양한 질병을 예방하는 효과가 있으며, 특히 콜레스테롤을 저하시켜 심혈관 질환에 좋다. 포도씨에는 폴리페놀 성분이 가득 들어 있는데 비타민E의 50배나 되는 강한 항산화작용을 하는 것으로 알려졌다.

포도를 먹을 때 껍질과 씨를 뱉어 내는 것은 달콤하고 부드러운 과육과는 달리 맛도 식감도 탐탁지 않고, 표면에 잔류농약까지 있지 않을까 하는 걱정이 작용하기 때문이다. 이제는 고정관념을 깨고 포도 먹는 습관을 과감하게 바꿔 보자. 농약을 뿌리지 않은 포도를 선택하면 껍질째 오물오물 씹어도 아무런 염려가 없다. 친환경으로 재배한 포도는 농약을 쓰지 않았을 뿐만 아니라 성장호르몬이나 제초제도 사용하지 않아 더욱 안심이다. 포도 껍질에 얼룩진 하얀 가루는 포도 자체의 당분이 배어나 굳은 것으로 오히려 당도가 높다는 반증이다.

포도알 전체를 갈아서 셔벗을 만들거나 즙을 내면 포도 전체의 영양을 모두 섭취할 수 있다.

폴리페놀
자연계에 많이 존재하는 대표적 항산화 물질. 녹차의 카테킨, 커피의 클로로겐산, 딸기나 포도의 안토시아닌계 색소 등이 있다. 건강 유지와 질병 예방에 좋은 것으로 알려져 식품이나 의약품 등에 널리 활용된다.

유기농 포도 4kg 23,000~33,000원
무농약 포도 4kg 20,900~30,000원

 ## 귤 피부가 숨을 쉬듯이

"파아란 귤이 노랗게 익어 가면 의사의 얼굴이 파래진다."라는 말이 있을 정도로
귤은 겨울철 건강을 지켜 주는 대표적 과일이다. 그러나 그 한 알을 내 손 안에 넣
기까지는 알고 싶지 않은 수많은 과정을 거쳐야 한다.

먼저 진딧물, 응애, 깍지벌레 등 많은 해충들의 공격을 막기 위해 봄철부터 살충제
를 다섯 번 이상 뿌린다. 그러고 나서 병을 막기 위해 여덟 번 이상 살균제 샤워를
시키고 어김없이 제초제까지 분무한다. 수확철이 되면 그대로 따서 시장에 내놓을
것 같지만 반짝반짝 빛나고 싱싱하게 보이기 위해 피막제를 바른다. 겨우내 저장고
에서 썩지 않게 방부 처리를 하기도 하니 건강을 지키는 것이 아니라 본연의 면역
체계를 교란시키는 뜻하지 않은 결과를 낳을 수도 있다.

울퉁불퉁 거칠고 못생긴 귤은 농약이나 화학비료 없이 자라 잔류농약 걱정 없이
먹을 수 있을 뿐만 아니라 피막제를 바르지 않았기 때문에 껍질째 더욱 맛 좋은 잼
을 만들 수도 있고, 껍질만 잘 말려서 향긋한 차로 이용할 수도 있다. 귤차는 목이
건조할 때, 아이들 감기에 도움이 된다.

유기농 귤 5kg 8,000~12,000원, **무농약 귤** 5kg 7,000~10,000원

사과 붉은 빛깔 통째로 먹자

사과는 다른 과일에 비해 칼륨과 펙틴, 안토시아닌 등이 풍부하다. 칼륨은 사과 자체를 알칼리
성 성분으로 만들고 소금을 많이 먹어도 소금 속 나트륨과 빠르게 결합하여 체외로 배출하는 역
할을 한다. 식물성 섬유질인 펙틴은 체내에 축적된 중금속과 각종 노폐물을 흡착해 배설시키는
해독작용을 한다. 천연 색소인 안토시아닌은 체내의 활성효소를 보호하여 항산화작용을 한다.
이들 영양소의 특징은 대부분 사과의 하얀 속살보다는 껍질에 더 많이 들어 있다는 것이다. 즉
영양을 고스란히 먹으려면 사과도 껍질째 먹는 것이 좋다는 말씀. 하지만 껍질에 잔류농약이나
표면왁스가 남아 있다면 아무리 사과껍질이 좋다고 해도 그대로 먹을 수는 없다. 매일 사과 한
알만 먹으면 병원에 안 가도 된다는 어른들 말씀을 그대로 새겨들으려면 번지르르한 사과의 외
양을 볼 게 아니라 껍질까지 안심하고 먹어도 되는 안전한 사과를 골라 장바구니에 담자.

무농약 사과 2kg 11,600~15,000원, **저농약 사과** 5kg 17,400~30,000원

견과 주전부리의 대표주자

견과의 식물성 지방은 우리 몸에 쌓이지 않는 불포화 상태이면서 콜레스테롤을 줄여 성인병 예방에 효과가 있다.

요즘에는 맛도 좋고 몸에도 좋은 견과를 저렴한 가격에 쉽게 찾을 수 있는데, 땅콩이나 호두, 잣은 물론이고 피스타치오나 아몬드 등 우리 땅에서는 자라지 않는 견과도 봇물을 이룬다.

이처럼 다양하고 저렴한 견과를 먹게 된 데에는 대량 생산과 유통을 앞세운 수입산의 공헌이 크다. 그러나 시중에 대량으로 유통되는 견과들은 재배 과정을 확인하기 어렵고 유통과 저장 중의 보존 방식도 분명치가 않아 화학약품을 함께 먹게 되는 결과를 초래할 수 있다. 실제로 견과에는 저장 중에 벌레가 생기는 것을 막기 위해 유황 가스를 훈증하는 것이 보편화되어 있다.

견과를 선택할 때는 최대한 친환경 재배 인증을 받은 것을 구입하고, 여의치 않다면 재배 과정을 공개하면서 유통경로가 짧은 국내산 물품을 선택한다.

무농약 밤 1kg 7,000~10,000원
잣 200g 12,000~18,000원
호두 500g 11,000~15,000원

홍시와 곶감 호랑이는 매끈한 곶감이 무섭다

감은 타닌 성분에 따라 단감과 떫은 감으로 나뉘는데, 단감은 타닌이 0.5퍼센트 이하인 것으로 완전히 익지 않아도 떫은맛이 거의 없어 바로 먹을 수 있고 떫은 감은 타닌 성분으로 인해 완전히 다 익어야 단맛이 돌기 때문에 주로 홍시나 곶감에 쓰인다.

이 중 홍시는 감이 완전히 익기 전 딱딱한 상태로 수확한 후 상온에서 익혀 먹는 것이 정석이다. 싸늘한 바람이 불기 전에 터질 듯 붉게 잘 익은 홍시가 시장에 나왔다면 카바이트 같은 약을 이용해 강제로 후숙시켰을 가능성이 크다.

곶감은 홍시보다 더 오랜 시간을 기다려야 제대로 된 맛을 볼 수 있다. 햇볕과 바람으로 떫은맛을 없애고 속 깊은 단맛을 끌어 올려야 비로소 곶감이 된다. 그러나 홍시와 마찬가지로 약을 이용해 강제로 익히기도 하니 주의한다.

곶감 표면의 하얀 가루는 곶감을 만드는 과정에서 감 자체의 당분이 배어 나온 것으로 당도가 높을수록 더 많이 묻어나는데 수분을 일정하게 유지해 주고 곶감이 썩는 것을 막아 줄 뿐만 아니라 호흡기 건강에도 도움을 준다.

유기농 홍시 3kg 14,000~18,000원
저농약 홍시 3kg 10,000~12,000원
유기농 곶감 1kg 26,000~54,000원

가루 없이 매끈한 곶감이 좋다?
주홍빛 투명한 감의 빛깔이 그대로 내비치는 곶감이 인기라지만, 가루가 전혀 없이 매끈하고 촉촉한 곶감은 자체의 방부 능력이 부족하다. 이러한 곶감은 합성보존제를 쓰기 십상이니 냉장이나 냉동 유통되는 제품을 고르는 것이 좋다.

제철 식품이 궁금하다

시설 재배나 저장시설의 발달로 아무 때나 푸른 잎채소를 사서 먹을 수 있는 만큼, 제철 식품의 개념이 희박하다. 그러나 먹는다는 것은 땅과 물, 바람의 기운을 받아서 생명을 이어 간다는 의미가 있다. 사람이든, 그 생명을 이어 나가게 하는 먹을거리든 모두 기후와 풍토의 영향을 받는다. 봄의 바람, 여름의 더위, 가을의 건조함, 겨울의 추위. 이런 계절의 흐름에 적응하고 변화에 맞춰 가기 위해 사람들은 땅과 물에서 나는 모든 동식물들과 유기적인 관계를 맺으며 살아왔다. 그러므로 바르게 먹는다는 것은 유기적인 질서 아래 생산된 제철 음식을 먹는 것부터 시작할 수 있다.

1. 제철 식품은 자연 조건만으로도 채소가 잘 자라 병충해에 강하므로 농약이나 화학비료를 상대적으로 덜 써도 된다.
2. 제철 채소와 과일에는 효소가 월등히 많아 장내 유익한 세균의 활동을 돕고 소화 흡수가 잘 된다.
3. 제철 식품은 맛이 풍부하고 영양이 높으며 수확량이 많아 값도 싸다.
4. 제철 식품은 토양과 수질을 보호하고 다음해의 농사나 어족 자원을 지키는 데 큰 힘이 된다.

제철 식품의 사계

	봄	여름	가을	겨울
채소	쑥, 냉이, 달래, 미나리, 두릅, 머위, 돌나물, 죽순, 도라지, 더덕, 엄나무순, 마늘종, 봄동, 쑥갓	오이, 부추, 깻잎, 애호박, 열무, 가지, 아욱, 풋고추, 근대, 알감자, 상추,	버섯, 배추, 무, 당근, 토란, 고구마, 우엉, 연근, 붉은고추	시금치, 브로콜리, 당근, 순무, 양배추
과일	딸기, 앵두	토마토, 수박, 참외, 복숭아, 자두, 살구, 멜론, 포도	사과, 배, 감, 밤, 대추, 유자, 모과, 석류	감귤
곡류	완두콩	보리, 밀, 호밀, 옥수수, 강낭콩	쌀, 조, 기장, 수수, 율무, 팥, 녹두, 대두, 청태, 백태, 서리태, 쥐눈이	
어패류 및 해조	조기, 굴비, 농어, 우럭, 주꾸미, 대합, 모시조개, 톳	오징어, 병어, 삼치, 민어, 성게, 미꾸라지, 꽃게, 전복	전어, 새우, 연어, 낙지, 갈치, 고등어	명태, 대구, 양미리, 꽁치, 가자미, 청어, 문어, 홍어, 도미, 굴, 아귀, 복어, 김, 다시마, 파래

chapter 02

육류 · 해산물 · 반찬

아무리 좋은 쌀이라도 밥만 먹고 살 수는 없다.
밥상에 따라 올라갈 먹을거리는 많기도 하거니와
그 안에 가려진 숨겨진 이야기는 끝도 없이 쏟아진다.
하나씩 들춰 참된 맛을 찾아보자.

고기 | 잡식성 인류를 위한 선택의 기준

채식주의자가 아니더라도 고기를 선택하는 기준은 바뀔 필요가 있다. 좋은 고기는 단순히 한우라는 이름을 달고 있거나 적절한 마블링을 달고 자태를 뽐내거나 육류 수출국의 화려한 광고 문구로 태어나는 것이 아니다. 좋은 고기는 반드시 건강을 전제해야 하고 그러려면 어떤 환경에서 태어나 어떻게 자라는지 또 어떻게 도축되는지를 확인할 필요가 있다.

축산에서도 친환경 사육 방식을 실천하는 농가가 있다. 유기적인 환경에서 가축의 복지를 고려하면서 사육하는 것이 핵심이다. 가축의 본성을 고려해 쾌적한 축사를 마련하는 것은 물론 충분한 활동 면적을 마련해 주고 톱밥이나 짚을 깔아 쾌적한 환경을 늘 유지한다. 사료는 항생제 등 동물의약품을 넣지 않고 Non-GMO로 만든 것을 사용하고 직접 유기 재배한 곡식과 풀을 먹이로 쓰기도 한다. 또 가축이 병에 걸리기 전에 예방을 최우선으로 하고 어쩔 수 없이 의약품을 쓰더라도 일반적인 휴약 기간의 두 배가 지난 후 도축을 한다. 번식을 할 때도 자연 교배를 권장하고 번식 호르몬이나 유전공학적 번식기법을 이용하지 않는다.

무항생제 한우안심 600g 31,000~38,000원,
돼지 삼겹살 600g 11,000~18,000원,
삼계탕용 닭 2마리 12,000~18,000원

고기를 먹는 일

가축은 어떤 환경에서 어떻게 사육되느냐에 따라 맛도 다르지만, 무엇보다 안전성에서 큰 차이가 생긴다. 공장식으로 키워지는 가축은 몸을 틀 수도 없는 비좁은 공간에서 움직임 없이 살만 찌워야 하기 때문에 엄청난 스트레스에서 평생 벗어날 수 없고, 자연스레 건강에도 이상이 생긴다. 이럴 때 사람이 쉽게 내릴 수 있는 처방은 항생제 등 다양한 동물 의약품. 문제가 생기기 전에 빨리 키워 도축할 수 있게 성장촉진제를 투입하는 것도 빼놓지 않는다. 사료에 섞어서 늘 먹을 수 있게 하는 게 보편적이고, 아예 귀에 성장호르몬제를 끼워 놓기도 한다.

사료는 유전자조작된 저렴한 곡물을 주로 이용하는데 결국 고기를 통해 사람도 간접적으로 먹는 결과를 낳는다. 이 외에도 오로지 고기 맛을 좋게 하고, 사육을 조금이라도 편하게 하기 위해 수놈을 거세하거나 뿔을 잘라내는 등 비인도적인 행위도 서슴지 않는다.

사실 소, 돼지, 닭과 같은 가축은 사람에게 친근한 동물로 예전에는 민가 가까이에 살면서 농경에 이용되거나 남은 음식물을 먹거나 달걀을 제공하는 역할을 했다. 그 과정에서 가축은 그들의 본성대로 살 수 있는 권리를 누릴 수 있었다. 고기를 얻는 것은 가축을 키우는 것의 목적이 아니라 부수적 역할이었다.

예전처럼 가축을 키울 수는 없겠지만 친환경 방식으로 축산을 고집하는 농가에서는 최대한 동물 복지를 고려해 가축이 자연의 힘으로 건강하게 자라도록 보살펴 주고 밭을 기름지게 만드는 축산 고유의 역할을 회복하기 위해 노력하고 있다. 즉 이런 축산 농가에서 나오는 가축 분뇨를 톱밥에 섞어 발효시키면 최고의 퇴비가 되어 땅으로 돌아가고, 이렇게 마련된 비옥한 땅에서는 유기농산물을 키울 수 있으며, 이를 다시 사람이나 다른 동물들이 먹고, 또다시 그 배설물을 땅에 되돌려 줄 수 있는 것이다. 욕심내지 않고 감사한 마음으로 집어든 고기 한 점에서 토양과의 유기적 순환계를 발견할 수 있다.

 # 유정란 부화할 수 있어야 진짜 달걀

아이들도 잘 먹고 어른들도 좋아하는 달걀은 귀하게 여겼던 예전과는 달리 언제 어디서나 볼 수 있는 싸고 흔한 식품이 되었다. 그러나 인간이 이러한 호사를 누리고 있는 이면에 어미닭은 특수 설계된 양계장에서 꼼짝도 못할 정도로 빽빽하게 밀집되어 항생제와 성장촉진제가 범벅이 된 사료를 억지로 먹어야 하고 24시간 불 밝힌 곳에서 잠도 자지 못하고 오로지 알만 많이 낳게 하는 고문을 견뎌야 한다. 이런 닭이 낳은 달걀은 무정란이 될 수밖에 없고 닭이 받는 엄청난 스트레스는 그대로 독성이 되어 알에도 전해진다.
유정란은 옛 방식대로 건강한 암탉이 수탉과 함께 넓은 공간에서 자유롭게 지내면서 낳고 품은 생명란이다. 일반 달걀에 비해 안전하고 영양도 높지만 온전한 생명의 에너지가 그대로 담겨 있어 더욱 이로운 먹을거리다. 무엇보다 닭의 생리적 특성을 고려해 늘 조용하고 깨끗한 환경을 마련해 주며 깔짚 위에 신선한 풀과 현미를 뿌려 주는 생산자의 따뜻한 마음까지 그대로 전해지니 달걀 반찬이 더욱 애틋해진다.

유정란 10알 3,000~4,000원

김밥용 햄 250g 3,700~5,500원,
프랑크소시지 300g 4,800~6,000원,
돈가스 400g 7,000~10,000원

햄과 소시지 고기의 맛을 살리고 살려

햄과 소시지는 자투리 고기를 많이 쓰기 때문에 색과 맛을 내려면 발색제와 화학조미료 등 각종 식품첨가물에 의지할 수밖에 없다. 식중독도 예방하고 진짜 살코기 같은 붉은색을 내기 위해 아질산나트륨을 주로 쓰는데, 이 물질은 많이 먹으면 혈관이 확장되고 헤모글로빈 기능이 떨어질 수 있다. 또 아질산나트륨은 한국인의 식단에 많이 들어 있는 아민과 결합해 니트로스아민을 만드는데 이는 강력한 발암물질로 알려져 있다. 이 외에 살균제로 쓰이는 염소산나트륨 역시 발암물질이고, 캔 용기에 담겨 있는 육가공품 또한 중금속 오염에 노출되어 있어 결코 안전하다 할 수 없다.

육가공품의 선택 기준은 원재료와 생산 과정에 있다. 일단 생산지와 직거래를 하면서 소비자의 영향력이 큰 곳을 고른다. 소비자들이 끊임없이 품질 개선을 요청하고, 원재료인 육류부터 첨가물과 포장재까지 점검하는 곳이라면 비교적 안전한 육가공품이다.

실제로 이런 육가공품 제조업체들은 친환경 축산 농가와 손잡아 무항생제 이상의 고급 육류로 고기 본연의 맛을 살리고 천연조미료나 천연항산화제 등을 이용하면서 안전성과 맛을 두루 갖춘 햄과 소시지를 제공한다.

유기농 우유 500ml 2,500~3,500원
유기농 딸기요구르트 500ml 4,500~5,500원
유기농 모차렐라치즈 150g 8,200~12,000원

 우유와 치즈 유기농으로 맑고 건강하게

일반 축산과 마찬가지로 젖소 역시 공장형 축산 방식으로 사육되어 비좁고 답답한 공간에서 오로지 젖을 짜내는 일에만 평생을 바치다가 고기를 내 주는 경우가 많다. 여기에 하나 더 간과해서는 안 될 문제는 젖이 잘 돌게 하려고 유축 호르몬제를 먹이거나 우유에서 유해균이 검출되지 않게 하려고 더 많은 항생제를 투입한다는 것이다.

이런 문제점을 딛기 위해 유제품에도 친환경 인증 제도가 도입되어 시행되고 있다. 유기농 우유를 생산하는 젖소들은 항생제와 호르몬제가 들어 있지 않은 유기농 사료와 옥수수, 호밀 등을 먹으며 초지에서 자유롭게 자라는데 이런 우유에는 일반 우유보다 비타민A, E, 오메가-3 등과 같은 영양소가 훨씬 많이 들어 있는 것으로 알려졌다. 유기농 우유로 만드는 요구르트와 치즈는 합성착향료와 방부제, 증점제, 유화제 등을 사용하지 않아 더욱 안심이다.

산양유 엄마젖에 가까운 자연의 선물

모유와 가장 비슷하다는 산양유는 최근 젊은 엄마들을 중심으로 그 수요가 급증했다. 일단 산양유는 우유보다 사람에게 더 적합한 젖으로 보인다. 단백질 조성이 모유와 비슷하고 소화하기 어려운 카제인은 우유의 반 정도 양이다. 지방의 입자도 작아 소화 흡수가 잘 되며 철, 인, 비타민 함유량이 우유보다 두 배에서 아홉 배나 높다. 또 유제품을 섭취했을 때 일어나는 알레르기나 아토피 질환 발생률도 월등히 낮은 것으로 밝혀졌다.

산양유가 자연 식품으로 매력적인 이유는 젖소와는 달리 대부분 자연 초지에서 방목으로 산양을 사육하기 때문이다. 이런 자연 환경은 산양의 건강을 증진시키고 항생제 등 동물약품의 남용을 막는다. 문제 있는 소의 젖을 아이들에게 먹이면 성격에도 영향을 준다는데 산양유라면 최소한 그런 걱정은 없을 듯하다.

산양유 500ml 3,700~6,000원,
산양유 요구르트 200ml 2,000~2,500원

바다는 세계가 똑같이 나눠 쓰는 것이나 마찬가지라서 친환경 수산물이라는 게 어떤 의미가 있는지 의문을 갖는 사람들이 많다. 그러나 같은 바닷물에 같은 어종이라도 어획이나 양식, 유통 과정에서 인위적인 작업이 들어가기 때문에 소비자 입장에서는 맘 놓고 덥석 집어 들었다가 낭패를 보기 십상이다. 손질 과정에서 사용하는 보존제는 건강뿐만 아니라 환경에도 좋지 않은 영향을 준다. 또 생선의 특성상 염장을 많이 하는데 저가의 정제염이 아닌 국내산 천일염을 사용하는지 확인하는 것도 중요하다.

믿을 수 있는 상점이 아니라면 생물보다는 냉동이 오히려 더 안전한데 원양이나 수입산 냉동 생선을 해동하여 생물로 둔갑시키는 경우도 많거니와 제철에 어획해 급속 냉동한 생선은 언제라도 맛있게 먹을 수 있기 때문이다.

단, 수입산이 국내 전체 거래량의 80퍼센트나 차지하고 있는 냉동 수산물도 가능하면 수입산보다는 가까운 연근해산을 고르도록 한다. 수입산 냉동 수산물 중에는 중량을 늘리기 위해 물에 오래 담가 냉동을 시키는 것도 있고 저장과 이동의 편리를 위해 약품 처리를 하기도 하니 말이다.

얼린 오징어 2마리 3,000~3,500원
제주자반 2~3마리 5,700~6,000원
추자도 삶은 문어 300g 7,000~7,500원

해조 푸른 바다 맛이 물씬

밭에 채소가 있다면 바다에는 해조가 있다. 미역, 다시마, 톳, 꼬시래기, 매생이 등의 해조류는 비타민A, 칼슘, 철, 인 등의 무기질을 다량 함유하고 있어 산성화된 현대인의 체질을 중화시킨다. 육지 식물에는 거의 존재하지 않는 비타민B12까지 함유하니 팔방미인이다.

미역 중에서도 청정 해역에서 채취한 자연산 돌미역은 쉽게 무르거나 풀리지 않으며 국물이 더 시원하다. 다시마에는 알칼리성 무기질이 풍부한데 특히 요오드가 많다. 요오드는 갑상선호르몬인 티록신을 만드는 데 필요한 성분으로 갑상선 기능을 조절한다. 10월부터 3월까지 해녀가 채취한 어린 톳은 여성에게 좋은 철분과 칼륨, 나트륨, 알긴산이 풍부할 뿐만 아니라 특유의 풍미가 매력적이다. 말린 것과 분말로도 나와 있어 밥을 할 때 섞거나 불려서 간단하게 무침을 할 수도 있다.

해조류는 자연산을 선택하면 좋겠지만 채취에 한계가 있어 양식을 고를 수밖에 없을 때는 양식 과정에서 불필요한 화학 약품으로 해조와 바다를 오염시키지 않는지 살펴보는 것이 필요하다.

자연산 돌미역 100g 4,300~5,000원
자연산 다시마 250g 4,400원
톳나물 100g 3,400원
감태 300g 3,300원

가공식품은 불투명한 재료와 유해 첨가물에 대한 염려를 떨칠 수 없어 선뜻 구입하기가 망설여진다. 어묵도 마찬가지. 일반 어묵은 방부제, 보존제, 식용색소, 조미료, 감미료 등 각종 첨가물로 맛과 색을 내는데, 어묵에 넣으면 독성이 강한 발암물질이 생기는 아질산나트륨이 검출된 적도 있으니 마음을 놓을 수 없는 노릇이다. 하지만 화학첨가물로 맛을 내는 어묵 대신 천연재료로 착하게 맛을 낸 제품으로 안심 밥상을 차릴 수도 있다.

무농약 이상으로 재배한 다양한 채소와 고급 명태연육을 듬뿍 넣어 반죽한 후 깨끗한 현미유로 튀겨 낸 어묵은 원재료의 맛이 그대로 살아 있어 쫄깃하고 뒷맛이 개운하다. 인위적인 맛을 내는 화학조미료나 쫄깃하게 만들어 주는 인산염 같은 첨가물은 사용하지 않았을 뿐만 아니라 다시마, 멸치, 가다랑어 등 천연 재료를 농축한 천연액상조미료로 맛을 내서 더욱 안심이다. 튀긴 후 합성보존제를 사용하지 않기 때문에 유통기한이 짧아 오래 두고 먹으려면 바로 냉동해야 한다.

명태참어묵 300g 3,700원,
오징어 동그랑어묵 270g 3,500원
문어바 280g 3,850원, **쌀어묵** 160g 2,700원

김장 젓갈 김치 맛은 우리에게 달려 있다

밥도둑 젓갈은 입맛 없을 때 구원 투수가 되기도 하고 김치를 담글 때 핵심 역할을 하기도 한다. 젓갈은 대부분 수산물에 소금을 더해 만드는데 수산물의 풍부한 아미노산이 발효 과정 중에 녹아 나와 채소나 밥에 부족한 단백질을 채워 준다.

모든 젓갈은 소금을 넣어 발효하기 때문에 맛과 질을 결정하는 데 천일염의 역할이 크다. 정제염과 달리 갯벌에서 자연적으로 생성되는 천일염은 순수한 염화나트륨 외에도 다양한 미네랄 성분이 들어 있어 체내에 흡수되면서 영양소 간의 균형을 맞춰 주고 맛을 한층 풍부하게 가꿔 준다.

젓갈을 고를 때 지나치게 감칠맛이 돌거나 색이 고운 건 피하는 게 좋다. 생선이나 소금을 제대로 쓰지 않았다면 맛을 내기 위해서나 저장 과정에서의 부패를 막기 위해 각종 화학조미료와 착색제, 방부제를 넣었을 가능성이 크다. 천천히 그리고 소박하게 만들어 제대로 숙성시킨 젓갈만이 우리가 원하는 김치 맛을 낸다는 사실을 잊지 말자.

멸치액젓 900ml 3,300~7,000원
까나리액젓 900ml 5,200~7,500원
참새우젓 500g 6,300~6,500원

김을 고를 때는 양식 방법을 확인하는 게 우선이다. 김 양식 방법으로는 물에 떠 있는 부레에 김발을 매달아 항상 바닷물에 잠기게 재배하는 부레식이 있고, 바다의 바닥까지 긴 지주 막대를 꽂고 사이에 그물을 걸어 놓아 전통 방식대로 재배하는 지주식이 있다. 부레식은 김이 늘 바닷물에 잠겨 있기 때문에 성장 속도가 빠르고 생산량도 많지만 김에 끼는 파래를 없애기 위해 화학약품을 뿌릴 수밖에 없다. 예전에는 배를 타고 다니면서 염산을 들이 부었으나 근래에는 유기산을 많이 쓴다.

지주식은 밀물과 썰물의 차이를 이용해서 물이 빠지면 지주에 매달린 김발이 수면 위로 완전히 노출된다. 물에 잠기는 시간이 간헐적이라 생산량도 적고 자라는 속도도 느리다. 하지만 김발 아래로 물이 빠지면 햇빛에 약한 파래는 말라 죽고 전체적으로 자외선 살균이 되어 김이 더욱 튼실하게 자랄 수 있다. 김을 수확하고 가공하는 과정에서도 화학약품을 사용하지 않고 말리기 때문에 색감은 덜하지만 맛과 향이 더 좋다.

참김 50장 3,400원
파래참김 50장 3,400원
돌김 50장 4,100원
김자반볶음 40g 1,400원
김부각 50g 3,400원

소금 몸의 영양 균형을 유지한다

인위적으로 염화나트륨만 걸러낸 정제염과는 달리 천일염은 10퍼센트 정도의 다양한 미네랄이 결합되어 있는 자연 소금이다. 특히 우리나라의 소금은 전 세계적으로 그 가치를 높게 인정받는 갯벌 천일염. 미네랄 함량이 20퍼센트 이상으로 웬만한 채소나 과일보다 미네랄 성분이 더 많이 들어 있다. 어느 정도 짜게 먹어도 나트륨 과다로 인한 문제가 잘 생기지 않을 뿐더러 체내에 부족한 미네랄을 채워 주는 역할도 하고 음식의 맛을 살려 주는 천연 조미료 역할도 톡톡히 한다.

천일염을 고를 때에는 몇 가지 고려할 점들이 있다. 천혜의 조건을 갖추고 생산되는 세계 최고의 소금을 놔두고 질이 낮은 이국 땅의 천일염을 선택해서는 안 된다는 것인데, 천일염을 만드는 지역이 오염되었다면 독성 물질이 고스란히 소금에 남게 되므로 산지가 어떤 곳인지 정확하게 파악할 수 있어야 한다. 또 천일염이라 하더라도 인위적으로 바닷물을 3,000도의 고온에서 끓여 증발시킨 것도 있고, 값싼 정제염을 섞어서 만드는 경우도 부지기수이므로 생산과정이 투명하게 공개된 염전의 소금을 구입하는 것이 상책이다.

굵은소금 3kg 2,700~3,000원
볶은소금 1kg 2,500~3,000원
구죽염 100g 8,500~20,000원

소금의 종류

천일염 태양열, 바람 등을 이용해 바닷물을 저수지로 유입하고 농축시켜서 만든 소금. 한국 갯벌 천일염은 미네랄 성분이 세계 최고를 기록하고 있다.

암 염 땅 속에 있는 천연 소금을 캐낸 것으로 염도가 96퍼센트 이상이다.

정제염 바닷물을 가수분해하여 농축시킨 후 미네랄 성분을 추출해 뽑아낸 염도 99퍼센트의 순수 염화나트륨이다.

재제염 흔히 꽃소금이라고도 불리며 소금을 녹였다가 탈수시켜 다시 건조시킨 소금. 대부분 값싼 수입 소금을 이용하여 만들며 염도는 90퍼센트 이상이다.

가공염 볶음, 태움, 용융 등의 방법으로 변형한 소금이다.

소금을 먹는 일

소금의 주성분인 염화나트륨은 혈액을 비롯한 체액의 양을 적절하게 유지하고 산과 염기의 균형을 맞춰 준다. 또 세포의 영양 섭취를 돕고 신경의 신호 전달과 근육 수축에 중요한 역할을 한다. 나트륨이 부족하면 식욕부진, 구토, 집중곤란, 무기력, 정신불안, 두통 등의 증상이 생긴다. 반대로 너무 많이 먹으면 고혈압, 뇌졸중, 심장비대, 위암, 골다공증, 요로결석, 천식 등이 생긴다. 다시 말해 소금은 너무 과하지도 적지도 않게 꼭 먹어 줘야 한다는 얘기다.

소금에 대해 막연한 기피의식을 가지고 무턱대고 일단 싱겁게 먹는 습관은 적절치 않다. 어떤 소금을 얼마나 먹어야 하느냐를 잘 파악할 수 있다면 더 이상 소금으로부터 일방적인 피해자가 될 필요는 없다.

천일염, 암염, 기계염, 재제염, 가공염, 부산물염 등 소금은 그 종류가 많다. 이 중에 우리나라에서 먹는 용도로 가장 많이 쓰이는 것은 정제염. 바닷물이나 값싼 암염을 들여와 가수분해 후 원심분리기로 다른 성분을 모두 뽑아내면 순수한 염화나트륨만 남는다. 이런 소금이 그대로 식품 공장으로 가거나 다시 공정을 거쳐 각 가정으로 공급되는데 이 과정에서 소금은 표백제를 뒤집어쓰고 새하얗게 변신하거나 글루탐산나트륨 등 조미료로 맛을 더하기 마련이다. 이런 소금들이 어린아이들의 과자에서부터 햄버거, 피자, 된장찌개에 이르기까지 무차별하게 뿌려지고 있다.

나트륨 과다를 이유로 짜게 먹으면 좋지 않다는 지침이 나온 데에는 바로 이 정제염의 역할이 컸다. 소금을 먹으면 소금 속의 나트륨 성분이 혈액 속에 녹아들어 칼륨과 같은 미네랄 성분과 일대일로 짝을 지어 몸 밖으로 배설된다. 그런데 몸 안에서 칼륨이 부족해 짝을 이루지 못하면 나트륨이 균형을 잃고 혈액의 농도를 올리기 시작한다. 짜게 먹으면 붓는 느낌이 오는 것은 바로 이 때문이다. 배출되지 못한 나트륨은 혈관 곳곳을 돌아다니면서 여러 기관을 자극하고 급기야는 질환을 낳는다.

장류 햇살 아래 자연 발효

간장, 된장, 고추장! 예전처럼 햇살 좋은 마당에서 직접 담가 먹으면 좋겠지만, 아파트 위주의 주거 형태와 바쁜 일상이 그런 여유를 허락하지 않는다면 전통적인 방법으로 장을 담아 상품으로 내는 것을 이용해 보자. 가을에 수확한 국내산 콩으로 메주를 띄워 이듬해 정월에 간장과 된장을 만든 것도 있고 무농약 고춧가루, 찹쌀, 메주가루, 쌀조청 등을 주원료로 화학첨가물 없이 정갈하게 담그는 고추장도 있다. 이런 장들은 제대로 된 원재료를 사용하기도 했지만 숨 쉬는 항아리에 담아 햇볕과 바람이 잘 통하는 곳에서 깨끗하게 숙성시키기 때문에 추천할 만하다.

반면 대형 매장에서 저렴하게 판매하는 기업형 장류는 재배와 유통이 불분명한 수입산 대두와 밀가루가 주로 사용된다. 여기에 여러 가지 인공감미료와 인공방부제, 합성착색료 등 적게는 대여섯 가지, 많게는 스무 가지 이상의 식품첨가물이 들어가 대량 생산되는 것이다.

밥상의 맛을 좌우하는 장류는 자연 발효된 것을 먹어야 본래의 맛과 효능으로 건강과 입맛을 지킬 수 있다. 이제 간장, 된장, 고추장을 고를 때는 화려한 광고로 각인된 상표보다는 원재료와 가공 과정을 먼저 확인하자.

무농약 콩 된장 1kg 13,000~14,000원
조선간장 900ml 3,900~7,000원
고추장 900g 16,000~16,500원

청국장 콩과 볏짚이 만났다

청국장을 전통적인 방식으로 만들려면 콩을 삶아 헤친 후 볏짚 위에 얹은 뒤 다시 볏짚을 덮고 그 위에 보자기를 씌워 따뜻한 데서 사흘 밤을 보내야 한다. 그러면 거미줄 같은 납두균이 생겨 소화도 만점, 영양도 만점인 청국장이 완성된다. 지금은 청국장 제조기가 보편화되어 있어 쉽게 해 먹을 수 있지만 말이다.

가족의 건강을 위해 직접 만들 때에는 안전한 콩을 구해야 하고, 사정이 여의치 않아 사 먹더라도 어떤 콩을 사용했는지 살펴야 한다. 시중의 콩과 콩가공식품은 대부분 수입산이라 유전자조작 식품일까 우려스럽기 때문.

건강을 위해 먹는 음식이 오히려 독이 될 수 있으니 믿을 수 있는 콩이나 청국장을 구입하려면 생협 등 원재료와 생산 과정이 투명한 구입처를 이용하는 것이 상책이다. 청정 지역에서 재배된 우리 콩으로 만들었을 뿐만 아니라 몸이 아픈 이들을 위해 소금조차 넣지 않았으니 음식으로도 건강 회복용으로도 이보다 더 좋을 수는 없다.

청국장 250g 2,500~6,000원
청국장환 500g 14,400~40,000원
청국장분말 500g 13,000~27,000원

고춧가루 눈으로만 고르면 안 돼

매운맛을 좋아하는 우리나라 사람들에게 고춧가루는 빼놓을 수 없는 중요한 향신료다. 이 때문에 불량 식품의 공세는 끊이지가 않는다. 수입산 저가 고춧가루에 들어 있는 선홍빛 색소나 중금속, 합성보존제 등이 그 단골소재인데 시중에서 멀쩡한 고춧가루와 섞여서 팔리기도 하니 눈으로 보는 것만으로 고춧가루를 고르는 것은 불가능하다.

이럴 땐 친환경 재배 인증을 받은 국내산 고춧가루를 구입하는 것이 어떨까? 농산물품질관리원과 판매처로부터 까다롭게 관리 받는 대상이므로 기본적으로 불량 수입식품과 뒤섞일 가능성이 적다.

유기농 고추는 수확량이 일반 고추의 70퍼센트 정도 밖에 되지 않지만 제초제, 농약, 화학비료 없이 순수한 지력과 생산자의 정성으로 생산된다. 수확 후에도 인위적인 보존처리를 하지 않는다. 마른고추를 가루 내는 가공 공장도 우수한 시설을 갖추고 중금속 가루가 혼입되지 않게 철저히 관리하므로 더욱 안심이다.

유기농 고춧가루
2kg 60,000~80,000원

천연조미료 바로 이 맛이야!

'바로 이 맛이야!' 라며 수십 년 동안 부엌에 군림하여 우리네 미각을 송두리째 변질시킨 화학조미료! 혀가 느끼는 단맛, 쓴맛, 신맛, 짠맛 중에서 쓴맛을 잘 느껴야 미각이 살고 먹을거리의 위험으로부터 몸을 지켜낼 수 있지만 단맛과 화학조미료 맛에 길들여진 요즘 아이들은 쓴맛을 비롯해 다양한 맛을 잘 느끼지 못한다.

글루탐산나트륨(MSG)이 주성분인 화학조미료는 많이 먹으면 뇌에 영향을 주는 것으로 알려져 있다. 흔히 말하는 '중국음식 증후군'이 그 예인데 자장면, 짬뽕 등 화학조미료를 많이 넣은 음식을 먹고 나면 메스껍거나 어지럽고 구토증상에 졸리기까지 하는 증상을 보인다.

천연조미료는 재료를 깐깐하게 따진 후 잘 말린 재료를 곱게 빻은 형태로 첨가물 없이 유리병에 담긴 것을 골라야 한다. 집에서도 쉽게 만들 수 있는데, 가장 많이 쓰는 멸치가루 같은 경우 은백색을 띠고 껍질이 벗겨지지 않은 멸치를 골라 머리와 내장을 제거한 후 달군 프라이팬에 노릇하게 볶아 분쇄기로 갈면 된다.

종류별로 다양함.
천연 혼합조미료
100g 3,400~4,500원

참깨와 들깨 고소함도 우리 것이 최고여

참깨는 피를 깨끗하게 해 주는 항산화물질의 보고로 요리의 마지막을 고소함으로 장식하는 자연 식품이다. 볶은 후 살짝 갈아서 깨소금으로 먹으면 소화흡수도 잘되고 고소한 향도 더할 수 있다. 한국의 허브라고 하는 들깨는 열매뿐만 아니라 잎까지 버릴 게 없다. 게다가 들깨는 공기 오염을 예고하는 지표식물의 역할까지 하니 환경의 바로미터라 할 수 있다. 들깨는 강정을 만들거나 가루를 내어 양념으로 쓰는데 열에 의해 영양분이 손실되므로 조리할 때는 불을 끈 후 마지막에 넣어야 한다.

참깨와 들깨의 고소함은 쉽게 얻을 수 있는 것이 아니어서 농사가 까다롭고 수확량이 적다. 때문에 국내산은 귀하고 값이 또한 비싸 아쉬운 대로 값싼 수입산 깨를 구입하게 된다. 하지만 재배와 유통과정을 확인할 수 없고 농약, 방부제 등으로부터 자유롭지 않은 현실에서 수입산 깨가 대안이 될 수 있을까.

국내에서 재배하여 일일이 손으로 알곡을 손질한 참깨와 들깨라면 값은 조금 더 비싸지만 제값을 하는 것은 물론 맛도, 건강도, 지구도 함께 살리는 일이 될 수 있다.

무농약 참깨 500g 18,400~25,000원
무농약 들깨 500g 5,800~6,500원

참기름과 들기름 마지막 한 방울이 진짜

"마지막 한 방울까지 깨끗해요!" 모 회사와 참기름 광고 카피다. 하지만 대량으로 생산하여 유통하는 참기름과 들기름은 사실 영양이 다 빠져 나간 빈껍데기나 진배없다. 기름의 양을 더 늘리기 위해 가능하면 더 많이 볶아 기름을 짜서 영양이 손실되는 것도 문제지만 더 큰 문제는 맑은 기름을 짜내기 위해 깨의 다른 영양 성분은 말끔히 걸러 내기 때문이다.

참기름, 들기름을 짤 때는 저온에서 타지 않게 볶은 후 재래식으로 압력을 가해 짜내야 한다. 그래야 맛과 향기가 더 좋다. 또 이런 기름에는 그 자체에 산화를 방지하는 성분이 들어 있어 병 밑에 가라앉는데 이는 불순물이 아니므로 남기지 말고 끝까지 다 사용하자. 양질의 섬유질, 단백질, 미네랄이 농축되어 있기도 하다.

기름을 짜낸 후 걸러지는 깻묵은 다시 우리 땅으로 돌아가 토양을 비옥하게 해 주는 역할을 한다. 그 밭에서 또다시 튼실한 깨 농사를 지을 수 있는 것이다. 여기에 또 하나 알아둘 것은 깨는 추석 무렵에 거두는 열매니 바람 선들한 가을에 짜는 기름이 제철이고, 생나물에는 참기름을, 묵은 나물에는 들기름을 써야 제 맛이라는 것이다.

참기름 330ml 21,000~28,000원
들기름 330ml 11,000~13,000원

 현미유 쌀겨에서 고소함을 짜다

30~40년 사이에 빠르게 보급된 식용유는 냄새가 없고 맛이 고소하며 식물성기름이라 더욱 애용되고 있지만 콩이나 옥수수 등 수입되는 재료 자체가 농약이나 유전자조작으로부터 안심할 수 없는 것이 문제다. 또 콩기름, 옥수수기름은 양을 늘리고 깨끗하게 보이기 위해 헥산이라는 유기용매를 넣어 정제하는데 가공과정에서 비타민과 미네랄 등 필수 영양소가 손실되기 십상이고 쉽게 변질되는 것을 막기 위하여 산화방지제를 넣어 유통기한을 늘리는 것도 문제로 지적되고 있다.

이를 대신하기 위해 탄생한 것이 현미유이다. 추출식이라는 한계는 있지만 쌀겨와 쌀눈에 담긴 토코페롤, 비타민A, B_1, B_2와 같은 성분이 담겨 있으며 유전자조작으로부터 안전한 것이 특징이다. 최근에는 동남아시아 등지로부터 현미유가 수입되기도 하지만 환경보호를 위해서라면 100퍼센트 국내산 쌀겨를 이용하는지 확인하는 것이 센스! 기름은 공기와 닿으면 산패되기 쉬우니 가능하면 작은 용기에 든 것을 구입하도록 한다.

현미유 500ml 4,200~4,500원

식초 내 몸을 살린다

식초는 그 자체가 소화 효소이다. 위에서 소화를 돕는 것은 물론 장 기능을 강화시켜 해독작용도 톡톡히 해 낸다. 신맛이 나지만 체내에 흡수되면 강한 알칼리성을 띠어 천연 항산화제 역할을 하고 살균과 방부 효과가 크다.

그러나 식초의 이런 면모는 오로지 천연 양조식초, 즉 100퍼센트 자연 발효된 것에만 해당된다. 속성으로 만들어 낸 알코올 양조식초에서 이런 효과를 기대하는 것은 금물. 합성식초는 순도 90~95퍼센트인 에틸알코올에 석유에서 추출한 빙초산을 넣어 고작 하루 만에 만들어진다. 여기에 주정이나 맥아 엑기스가 들어가기도 하지만 맛을 내기 위해 주로 펩톤, 폴리펩티드, 인산, 칼륨, 마그네슘, 물엿 등 각종 식품첨가물을 넣는다. 자연 그대로 발효된 것이 아니라서 천연식초에 비해 비타민과 유기산이 턱없이 부족하고 식초 본래의 효소 작용이 떨어지는 것은 당연지사.

양념에 그치지 않고 건강음료로 그 쓰임새가 다양해진 식초는 반드시 천연 양조식초를 선택하자. 친환경농법으로 키워낸 과일로 담근 사과식초, 포도식초, 감식초 등 종류도 다양하니 용도에 맞게 고를 수 있다.

토마토식초 500ml 3,900원 **포도식초** 500ml 3,900원
감식초 500ml 4,400원 **쌀식초** 500ml 4,500원

36 마요네즈와 케첩 신선한 재료로 싱싱하게

마요네즈는 달걀에 유지를 섞어 응고시킨 식품으로 맛을 내기 위해 식초와 소금, 당류가 들어간다. 일반적으로 마요네즈에 사용되는 유지는 유전자조작으로부터 자유롭지가 않고 인위적인 유화제나 합성보존료 등 다양한 식품첨가물도 빠짐없이 들어간다. 케첩의 경우도 유전자조작과 화학농법의 우려가 씻기지 않는 수입산 토마토페이스트를 이용하고 입에 착 달라붙는 맛을 만들기 위해 화려한 식품첨가물에 의존하는 과정을 겪는다. 그나마 요즘에는 제품 포장지에 성분 표시를 해 놓아 확인할 수 있다지만 도대체 이렇게 복잡다단한 첨가물들은 무엇을 위해 사용되는 것인지, 어떤 작용을 하는지 일반 소비자가 파악하기는 어렵다.

이미 서구화되어 있는 식단에서 마요네즈와 케첩을 포기하기란 쉽지 않다. 하지만 조금만 신경을 쓴다면 믿을 수 있는 유정란과 친환경 토마토를 사용하는 제품을 구입할 수 있으니 다행. 합성첨가물이 들어 있지 않아 안심할 수 있을 뿐만 아니라 지나친 자극 없이 재료 자체의 신선한 맛이 살아 있어 안심이다. 용기가 유리로 되어 있다면 환경호르몬의 걱정으로부터도 벗어날 수 있다.

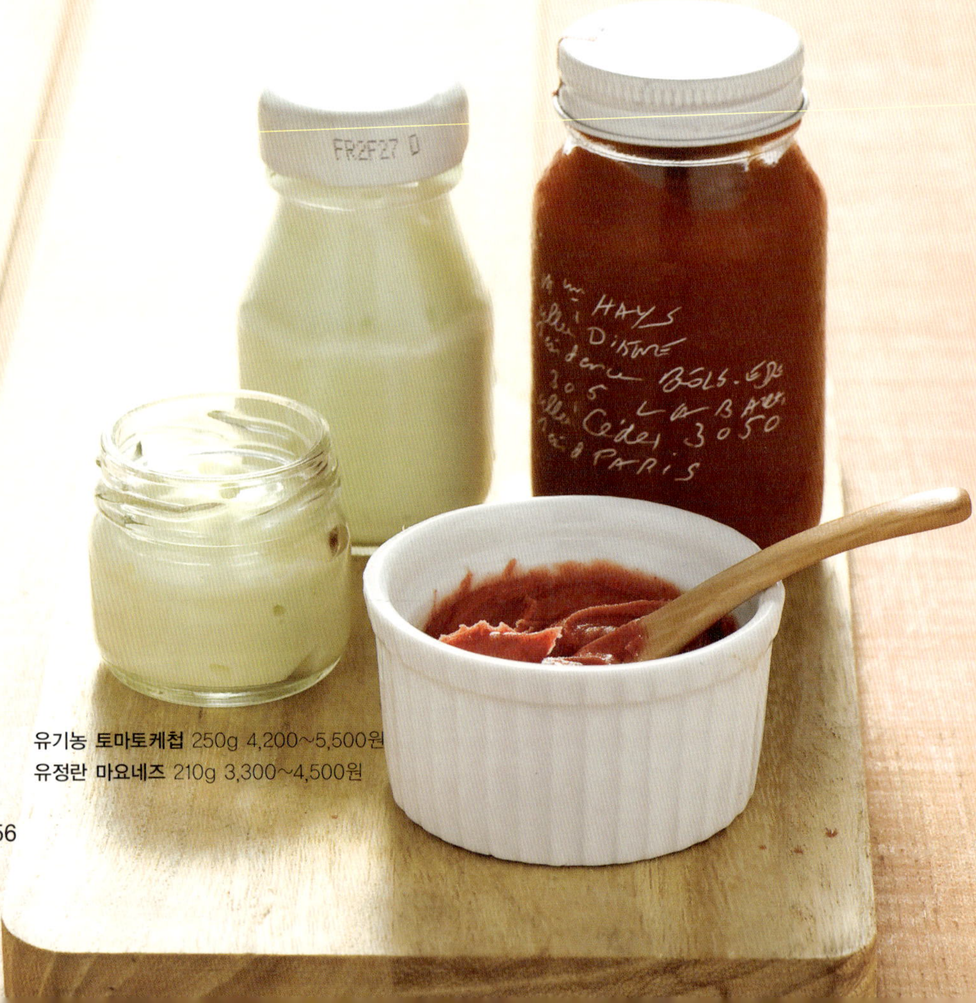

유기농 **토마토케첩** 250g 4,200~5,500원
유정란 **마요네즈** 210g 3,300~4,500원

조청 가래떡은 조청을 좋아해

조청은 밥알을 엿기름에 삭혀 밥알 찌꺼기를 걸러 내고 그 물만을 달인 것으로 요모조모 쓰임새가 다양하다. 더 달여 엿을 만들 수도 있고, 따뜻하게 끓여 강냉이나 볶은콩, 현미튀밥에 버무려 굳히면 강정으로 탈바꿈한다. 오래 묵어 말라 버린 고추장에 조청을 끓여 부어 섞으면 촉촉하니 맛이 살아난다. 또 단맛을 내야 하는 음식에 설탕 대신 사용하면 미각을 무디게 하는 설탕과는 달리 음식의 맛을 부드럽게 감싸 주어 재료의 맛을 더 순수하게 느낄 수 있다.

그러나 시중에서 흔히 유통되는 조청이나 물엿은 자연식품이 아닌 정제된 가공식품이다. 무엇보다 유전자조작된 전분당을 사용하는 게 많고, 깨끗한 느낌을 주기 위해 표백할 가능성도 배제할 수 없으니 꼼꼼히 살펴야 한다.

조청도 국내에서 재배한 친환경 멥쌀과 국산 엿기름을 이용해 전통 방식으로 달인 것이라야 안심하고 먹을 수 있다. 살아 있는 천연 비타민과 미네랄이 체내에서 천천히 흡수되면서 영양소의 균형을 이루는 역할도 한다.

쌀조청 600g 5,300~9,980원

밀가루 우리밀 1kg은 밀밭 한 평을 늘린다

가을에 파종한 밀은 겨우내 추위를 고스란히 맞아 가며 싹을 틔우고 자란다. 병충해와 잡초가 없는 추운 계절에 자라기 때문에 농약을 뿌리지 않아도 되고, 자라는 동안 산소를 배출하고 탄산가스는 흡수하여 공기도 깨끗이 하는 고마운 작물이다.

대대로 이어져 온 자연 흐름이 단절되면서 오늘날 우리의 밥상은 수입밀이 범람하게 되었는데, 문제는 이 수입밀이 우리가 오랫동안 먹어 왔던 그 밀과는 성격이 다른 데 있다. 일단 가을에 파종해 여름에 수확하는 우리와는 달리 밀봄부터 가을까지 재배하는데 여름을 거치기 때문에 병충해를 막기 위해 많은 양의 농약을 사용한다. 또 먼 나라로 보내야 하므로 벌레 한 마리 생기지 않을 정도로 수십 가지의 살충제와 살균제, 방부제 처리를 거친다.

우리 기후나 풍토에 맞지 않아 제철이 뒤죽박죽되고 유해물질로부터 자유롭지도 않은 이 수입 밀가루를 하루도 빼놓지 않고 가지각색 음식으로 먹는다는 것은 이제 심각하게 고려해 볼 문제다. 우리 땅에서 우리 기후에 맞게 거두는 우리밀은 수입밀보다 인체 면역기능이 두 배나 높고 섬유질과 비타민E가 풍부하여 노화방지에도 한 몫을 하니 말이다.

우리밀 1kg 3,100~5,000원

동의보감에서는 "밀가루가 장과 위를 튼튼히 하여 기력을 세게 하며 오래 먹으면 몸이 든든해진다."고 했지만 동시에 "묵은 밀가루는 열(熱)과 독(毒)이 있으며 풍(風)을 유발한다."고 하였다. 긴 유통과정을 거쳐야 하는 수입밀은 묵은 밀에 해당된다.

39 쌀국수 우리밀에 쌀을 보태서

쌀이 부족하던 시절, 분식을 장려하는 정책을 썼을 정도로 국수는 식량난을 헤쳐 나가는데 효자 역할을 했다. 속도 든든하고 맛도 좋고 후루룩 넘기니 누구에게나 먹기 편한 음식일 것 같지만 사실 소화기능이 약한 이들에게는 그다지 이로운 음식이 아니다. 더구나 그 원재료가 수입밀가루 일색이고 각종 유해첨가물이 들어가 있으니 더더욱 그렇다.

하지만 우리 땅에서 안전하게 키운 우리밀에 무농약쌀을 섞어 만든 쌀국수는 일단 소화가 잘되어 속이 편안하다. 우리밀과 쌀의 절묘한 배합으로 면발이 부드러우면서도 쫄깃쫄깃하여 갖은 종류의 국수를 만들기에 안성맞춤. 게다가 일체의 유해첨가물 없이 소금만 넣어 만드니 맘 놓고 국수를 즐길 수 있다.

생면도 꼼꼼히 살피는 것이 좋은데, 촉촉한 효과를 내기 위해 보수제를 첨가한 경우도 많으니 주의해야 한다.

59

40 라면 그래도 먹어야겠다면

1960년대 초 남대문시장에서 꿀꿀이죽을 먹으려 줄 서 있는 사람들의 한 끼를 덜어 주기 위해 모 회사가 일본 기술을 빌려 만든 것이 라면의 시작이다. 그러던 것이 이제는 알프스 꼭대기에서 우리나라 컵라면을 즐기는 외국인들을 볼 수 있을 정도로 위용을 떨치고 있다.

라면은 기름에 튀긴 밀가루 국수가 주를 이루기 때문에 단백질이 부족하고, 야채스프에 들어 있는 비타민과 무기질도 가공과정에서 파괴되며, 과도한 염분 때문에 몸 안의 칼슘까지 빼앗겨 건강에는 이롭지 않다. 불균형한 영양 상태, 믿을 수 없는 재료, 범벅이 된 화학조미료 등 눈 딱 감고 먹어 주자니 이래저래 문제투성이라 찜찜하다.

그럼에도 라면을 모른 척 하고 살기는 어렵다면 안전한 우리밀로 면발을 만들고, 국내산 채소와 육류로 스프를 만든 제품을 선택한다. 쌀라면, 감자라면, 자장라면, 우리밀라면 등 종류도 여러 가지인데다 기존의 라면에 길들여진 입맛에도 딱 들어맞으니 뭐 하나 부족한 것이 없다. 환경호르몬을 뿜어내는 스티로폼 용기가 아닌 천연펄프 종이로 만든 용기 라면도 구비되어 있으니 안심하고 즐길 수 있다.

우리밀라면 1,000~1,300원
감자라면 1,100~1,200원
자장라면 1,300~1,800원
사리면 800원

41 김치 김치도 제철이 있다

김치는 우리나라 대표음식으로 비타민, 무기질, 섬유질 등이 풍부하고 발효과정을 거치면서 유산균 등 유익한 성분이 더해지는 완전식품이다.

김치하면 배추김치를 먼저 생각하게 되지만 채소의 가짓수만큼 김치의 종류도 다양하니 배추가 아니라도 그 철에 나는 김칫거리로 맛나게 담가 먹으면 된다. 배추는 봄에 잠깐 나고, 대부분은 가을이 제철인데 사람들이 계절에 상관없이 많이 찾으니 무리해서라도 배추를 심게 되고 그러다 보니 불필요한 농약을 많이 쓸 수밖에 없다. 고랭지라 하여도 별반 다를 게 없다.

음식은 제철에 먹는 것이 몸에도 이롭고 땅에도 좋다. 김치도 채소의 제철에 따라 다양하게 시도해야 하는 이유가 여기에 있다. 김치를 담가 먹고 싶지만 사정이 여의치 않아 사 먹어야 하는 경우라면 어떤 재료를 썼는지 꼼꼼히 살펴야 한다. 국내산 친환경 채소와 양념, 안전한 소금과 젓갈을 쓰고 불필요한 식품첨가물이 들어 있지는 않은지 포장지 뒷면을 샅샅이 읽어 보자.

두부 콩에서 탄생한 완전식품

콩은 밥을 주식으로 하는 우리에게 부족한 아미노산을 보충시켜 주지만 소화흡수율이 낮은 것이 한 가지 흠이다. 그러나 다행스럽게도 콩에서 식이섬유를 비지로 분리하고 두부로 만들면 소화도 잘되고 체내 흡수율도 높아져 콩의 영양을 고스란히 먹을 수 있는 완전식품이 된다.

이처럼 몸에 좋은 두부라도 주재료인 콩이 유기합성농약이나 유전자조작에 노출이 되어 있는 GMO제품은 구입을 자제하길, '한 번쯤이야~' 하는 헐거워진 마음을 조이길 바란다. 국내산 무농약콩을 원료로 사용하고 있는지, 필요 이상의 식품첨가물을 넣고 있지는 않는지 꼼꼼히 살펴야 건강에 좋은 식품이다.

우리 콩으로 만들어진 두부는 농촌에서 효자 노릇을 톡톡히 할 뿐만 아니라 두부공장이 있는 지역에서는 두부를 만들고 남은 비지나 콩껍질을 가축사료로 쓰는 등 지역순환농업을 실천하는 데 큰 힘을 발휘하기도 한다. 우리 땅, 우리 콩으로 만든 두부 한 모를 먹는 일이 농토와 농촌을 살리는 데 밑거름이 되는 것이다.

두부 420g 2,100~3,250원

유전자조작 식품의 진실

유전자조작이란 한 생물의 유전자를 다른 생물의 유전자에 집어넣어 자연 고유의 유전자를 의도적으로 조작하는 기술이다. 종(種)간의 벽을 허물어 교배가 불가능한 다른 생물의 유전자를 생물체 내에 삽입한 후 생물의 유전정보를 인공적으로 개조하는 것이 핵심.

유전자조작은 원하는 형질의 특정 유전자를 인위적으로 다른 생명체에 집어넣기 때문에 필요로 하는 형질이 발견될 가능성이 높고 시간도 적게 드는 장점이 있다. 그러나 유전자조작에 의해 삽입된 새로운 유전자가 항상 이론대로 되는 것은 아니기 때문에 부작용도 큰 것이 사실이다. 유럽에서는 동물실험결과 심각한 부작용이 발견되기도 했다. 그 대표적 예가 '제초제 내성(耐性) GMO 콩'인데 모든 식물을 죽이는 높은 독성의 제초제를 뿌려도 작물은 죽지 않고 잡초만 죽게끔 하기 위해 개발된 것이다. 강력한 제초제에도 죽지 않고 견뎌내는 토양 미생물의 유전자를 삽입했기 때문에 소비자들은 더욱 강력한 제초제에 노출된 콩을 먹을 수밖에 없다. 문제는 우리가 가장 많이 수입하는 대두(콩)와 옥수수가 미국에서 가장 많이 유통되는 GMO 품목이라는 것이다. 현재 우리나라는 이 두 작물의 수입을 대부분 미국에 의존하고 있다. 따라서 우리는 GMO 콩과 GMO 옥수수에 그대로 노출되고 있는 셈이다.

이제는 가까운 먹을거리가 대세!

미국에서 수입되는 콩의 이동거리는 19,736킬로미터로 이동 중에 발생하는 CO_2의 양은 197그램. 이렇게 발생하는 온실 가스는 고스란히 지구온난화를 가속시키는 요인이 된다. 반면 우리나라 아산에서 재배되는 콩의 이동거리는 서울까지 100킬로미터로 고작 4그램의 CO_2가 이동 중에 발생한다. 원산지가 다른 두 콩의 온실가스 격차는 193그램. 우리가 흔히 사용하는 형광등을 23시간 소등했을 때 감축할 수 있는 온실가스의 양이다. 벌어진 두 콩의 이동거리는 콩의 안전성은 물론 지구 환경에도 큰 영향을 미친다. 나와 지구의 안녕을 위해 내가 살고 있는 곳에서 가까운 먹을거리를 고르는 것이 필요하다.

도토리묵 420g 3,500~4,000원
청포묵 420g 3,900~4,300원
우뭇가사리묵 420g 2,200~3,000원
도토리가루 500g 15,000~15,800원
메밀묵가루 500g 12,600~13,500원

43 도토리묵 중금속아 물렀거라!

보통 음식점에서 나오는 푸짐한 도토리묵은 푸석하게 뚝뚝 끊기고 텁텁하기까지 하여 찰랑찰랑 휘어지는 본래의 맛이 아쉽다. 이럴 때 반가운 소식 하나. 대부분의 생협 매장에 가면 100퍼센트 국내산 도토리 가루에 다른 첨가물을 넣지 않고 만든 도토리묵을 만날 수 있다. 도시 사람들을 위해 친정 엄마의 마음으로 만드니 이윤만을 위한 물품과는 비교가 안 된다. 도토리묵 외에도 메밀묵, 청포묵, 우뭇가사리묵 등 종류도 가지가지.

모든 음식이 보약이라지만 몸 안의 중금속이나 독이 되는 물질을 배출하는 고마운 식품을 만나면 참 반갑다. 약보다는 음식으로 건강을 챙기는 것이 먼저이기 때문이다. 특히 가을이 제철인 도토리는 완전 무공해 식품으로 맛은 떫지만 성질이 따뜻하고 열량이 적어 비만이나 성인병 예방에도 좋다. 중금속을 배출하는 효능이 있는 도토리묵으로 식구들의 건강을 챙겨 보자.

44 단무지 새콤달콤 아삭함에 속지 말자

김밥이나 우동을 시키면 꼭 따라오는 단무지. 김밥이나 우동 맛이 별로라도 맛있게 한 그릇 비워 낼 수 있는 데는 이 단무지의 힘이 크다. 단무지의 새콤달콤 짭조름한 맛이 우리의 혀를 자극하기 때문.

시중 대부분의 단무지는 각종 화학 농자재와 합성첨가물의 위대한 만남으로 탄생한다. 원재료인 무는 살충제, 제초제, 성장촉진제, 화학비료의 힘으로 자라났기 십상이고 새콤달콤한 맛을 오랫동안 유통시키기 위해 사카린, 빙초산, 화학조미료, 방부제까지 뒤집어쓰는 과정을 거치게 된다.

게다가 단무지는 원산지가 불분명한 것이 많으니 더욱 선별해야 한다. 특히 어린아이들은 매운 김치 대신에 단무지를 먹는 경우가 많은데 무농약 이상의 국내산 무를 이용해 화학조미료 없이 만든 단무지가 있음을 기억하자. 흔하다 보니 너무 쉽게 개념 없이 만들어 낸 단무지에 아이의 건강을 내주지 말아야 야무진 거다.

단무지 400g 2,400~4,000원

45 추어탕 미꾸라지의 족보를 따져 보자

시중에 유통되는 미꾸라지는 대부분 중국에서 양식되어 생물로 공급된다. 한 마리 한 마리가 곧 판매대금으로 연결되기 때문에 미꾸라지가 살아 있는 상태로 머나먼 항해를 거쳐 이곳까지 오려면 기본적으로 약품 처리가 필요하다. 방부제로 쓰이는 말라카이트그린, 항생제로 쓰이는 엔로플록사신, 니트로푸란 등이 대표적이며 이들은 백혈병이나 재생불량성 빈혈, 암이나 돌연변이를 일으키는 물질로 알려져 있다. 이보다 더욱 심각한 것은 미꾸라지를 짧은 기간 동안 더 몸집을 키우기 위해 대부분 유전자조작을 한다는 사실이다. 이쯤 되면 추어탕을 더 이상 보양식이라 할 수가 없다.

다행스러운 일은 밥상에서 추어탕을 영영 제명해야 할까를 심각하게 고민하는 사이 100퍼센트 국내산 미꾸라지를 이용해 만든 즉석 추어탕이 나왔다는 것이다. 고추장과 된장 등 양념도 국내산 농산물을 사용한다고 하니 그나마 추어탕을 먹을 수 있게 된 것만도 감사할 따름이다.

즉석추어탕 500g 5,000원,
국내산 활미꾸라지 1kg 40,000원

식품 안에 들어가는 화학물질

식품에 화학물질을 넣는 것은 금기 사항이지만 예외가 있으니 '식품첨가물'이라는 이름으로 불리는 화학물질들이다. 식품첨가물은 식품의 보존과 유통기한을 늘리고, 색깔이나 맛, 모양을 좋게 하기 위해 한 가지 식품에 많게는 수십 가지 이상이 함유된다. 집에서 해 주는 밥이 맛이 없다고 투정을 부리는 아이들은 식품첨가물의 유혹에 빠져 있는 경우가 대부분이다.

식품첨가물은 특히 어린이들에게 더 유해하다. 농약과 화학비료, 식품첨가물과 같은 유해한 화학물질이 몸 안에 들어오면 대부분 먼저 간으로 보내져 해독 과정을 거치는데, 많이 먹으면 해독 작용을 위해 몸 안의 다른 영양소가 급격히 소모되기 때문이다. 이럴 경우 어린이나 청소년들은 성장과 발육에 문제가 생길 수 있고, 학업능률이나 집중력, 기억력이 떨어질 수도 있음은 물론이다.

청량음료, 과자, 인스턴트 음식 등 편하고 간단하고 싸고 맛있다고 먹게 되는 먹을거리에는 어김없이 식품첨가물이 그득하다. 몸에 이상이 생겼다고 병원을 찾기 전에 가족들의 식생활 점검부터 시작해 보자.

가지각색 식품첨가물

종류	사용 식품	식품첨가물	유해성
방부제	어육제품, 단무지, 간장, 케첩, 유산균 음료	솔빈산칼륨 솔빈산칼슘	신경계 영향, 간 기능 저하, 발암, 염색체 이상 등
	치즈, 버터, 마가린	데히드로초산 데히드로나트륨	간 기능 저하, 염색체 이상 등
	치즈, 빵, 과자	프로피온산	눈, 피부, 점막 자극
	간장	안식향산 안식향산나트륨	간 질환 유발

종류	사용 식품	식품첨가물	유해성
합성조미료	인공조미료	L-글루타민산 L-글루타민산나트륨	현기증, 손발 저림, 두통, 입의 신경 세포 파괴
	청량음료, 젤리, 껌, 아이스크림	아스파탐	동물실험 시 뇌 골격 이상 발견, 신경계 이상
	된장, 간장	글리실리진산2나트륨	경직, 경련 등의 급성 독성
	청주, 된장, 간장	코하크산	고양이 실험 시 구토, 설사
	소스, 피클, 케첩, 마요네즈, 시럽, 치즈	구연산, 주석산, 젖산, 아디핀산, 푸르마산	강한 급성 독성
산화방지제	마요네즈, 통조림	EDTA나트륨 EDTA칼슘	칼슘 부족증, 위장 장애, 뇌 기형아 발생
	생선, 염장생선, 냉동식품, 술, 주스, 버터, 치즈	에르솔빈산 에르솔빈산나트륨	명이원성, 염색체 이상
	식용유, 버터	다부힐히드록 신톨루엔	콜레스테롤 상승, 호르몬제에서 암 유발, 유전자 손상, 염색체 이상
산미료	청량음료, 주스, 잼, 젤리, 빙과, 사탕, 소스, 치즈, 아이스크림, 식용유	구연산	비교적 약한 독성
	구연산과 동일	주석산 주석산나트륨	염색체 이상
	청주, 청량음료, 빵, 과자, 젤리, 아이스크림, 소스	젖산	급성 출혈, 적혈구 감소
	청주, 절임식품, 청량음료, 주스, 젤리, 과자, 과일통조림	푸마르산 푸마르산나트륨	토끼의 갑상선 팽창, 출혈, 정소에 영향
표백제	체리, 포도, 복숭아, 어묵	아염소산나트륨 과산화수소	호흡기 점막 및 눈 자극, 각막 궤상, 습진, 염색체 이상
살균제	과실, 채소, 음료수	사라시분 유지	각막 궤상, 습진, 염색체 이상
착색제	치즈, 버터, 아이스크림, 과자, 캔디, 소시지, 통조림, 푸딩	타르 색소	간, 혈액, 신장 장애, 발암성
발색제	햄, 소시지, 어육	아질산나트륨 아토산나트륨	빈혈, 호흡기능 약화, 급성 구토, 발한, 의식불명, 간장암 유발
팽창제	빵, 케이크, 과자, 초콜릿	베이킹파우더	카드뮴, 납 등의 높은 중금속 함량

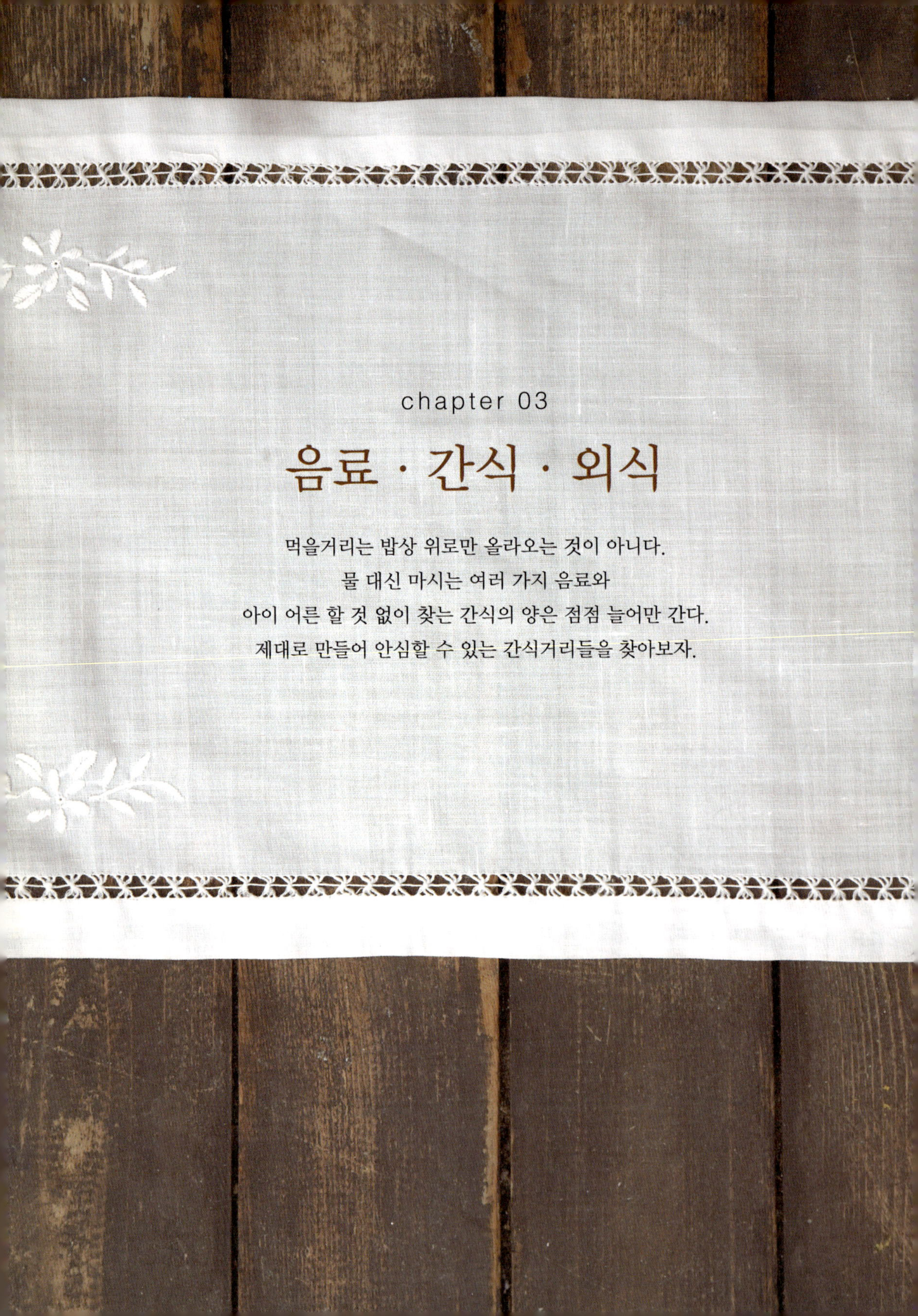

음료 · 간식 · 외식

먹을거리는 밥상 위로만 올라오는 것이 아니다.
물 대신 마시는 여러 가지 음료와
아이 어른 할 것 없이 찾는 간식의 양은 점점 늘어만 간다.
제대로 만들어 안심할 수 있는 간식거리들을 찾아보자.

 46 미숫가루 사시사철 든든하다

여름철에 얼음 동동 띄운 음료로 자주 등장하는 미숫가루가 간식과 식사 등 그 영역과 계절을 넓히고 있다는 건 반가운 소식이다. 각종 식품첨가물로 범벅이 된 빵, 과자 청량음료를 자연스럽게 줄이고 수시로 건너뛰는 아침식사나 다이어트 때 가볍게 빈 속을 채울 수 있으니 말이다.

미숫가루는 콩, 보리, 찹쌀 등 곡식을 볶아 가루를 내어 물에 타 먹는 음식이다. 한번 익혀 곡식의 녹말을 충분히 호화시켰기 때문에 소화가 잘 돼 수험생이나 노약자들에게 제격이다.

여러 종류의 곡식을 이용하는 미숫가루는 가루로 섞여 있기 때문에 무심하기 쉽지만 구입할 때는 반드시 하나하나의 원재료를 확인해 보는 것이 좋다. 같은 중량이라도 다양한 곡식이 균형 있게 배합되어 있는 것이 좋고, 잔류농약이나 유전자조작으로부터 안심할 수 있는 국내산 친환경 곡식이 주를 이루고 있는지도 점검해야 한다.

미숫가루 700g 7,100~15,500원
칠곡참식 700g 11,000원
흑미참식 700g 9,900원

47 두유 여성과 궁합이 잘 맞는

현대인에게 콩은 선택이 아니라 필수. 두유는 쉽고 간편하게 콩을 먹을 수 있는 방법이기도 하지만 여러 가지 이유로 우유의 양면성이 드러나면서 그 대체식품으로 선택되는 빈도가 높아지고 있다. 하지만 알칼리성 건강식품으로 잘 알려져 있는 두유도 역시 꼼꼼하게 골라 가며 마실 필요가 있다.

재료인 콩이 수입산이라면 농약과 유전자조작이 우려되는 것은 물론 먼 거리를 배로 실어 나르는 과정에서 온실가스의 주범이 된다. 또 요즈음은 검은콩에 대한 인식이 높아지면서 검은콩 두유도 나오는데 색소 등의 염려로부터 자유롭지 않다.

포장지 뒷면을 확인하여 산화방지제, 유화제 등 인공첨가물이 들어가 있는지 살피는 것도 중요하다. 친환경으로 재배한 원재료를 사용하는 것은 기본이다.

두유 180ml 1,000~1,500원
검은콩두유 180ml 1,200~1,700원

녹차 중금속을 잡아 주는 은근한 힘

녹차는 우리 몸에 쌓이는 중금속을 해독하고 스트레스가 많은 현대인들의 탈모를 억제시킨다. 카페인이 있기는 하지만 커피의 삼분의 일 정도이며 비교적 부작용을 일으키지 않으므로 권할 만하다.

좋은 차를 마시려면 고를 때 신중해야 한다. 시중 대부분의 녹차는 잔류농약이 우려되고, 차 맛을 혀에 달라붙게 하려고 대표적인 화학조미료인 글루탐산나트륨을 첨가하기도 하니 녹차라 하여 무조건 안심할 것이 아니라 재배와 가공 과정을 깐깐하게 살펴야 할 것이다.

일단 무농약 등 친환경 인증을 받았거나 야생녹차라면 안심해도 좋겠다. 거기에 차를 덖고 포장하는 단계까지 투명하게 확인할 수 있다면 더욱 좋다. 간편하다는 이유로 티백을 많이 사용하는데 조금 손이 가더라도 잎차를 마시는 것이 낫다. 티백에 사용하는 녹차잎은 품질이 낮은 등급을 이용하고 티백 자체가 차의 맛과 향을 해친다. 뿐만 아니라 하나의 폐기물이 되어 환경에도 부담을 준다.

세작 30g 16,000~20,000원
발효황차 80g 30,000원
가루녹차 50g 10,000~13,500원

오미자 원액 700ml 18,400~20,000원
건오미자 300g 18,000~20,000원

오미자 원액

지치고 피곤할 때 그만

껍질은 시고, 과육은 달며, 씨는 맵고 쓰며, 전체적으로는 짠맛을 지닌 열매가 오미자이다. 주로 청정한 산속에서 자라는데 작은 크기의 열매가 가을에 붉게 익으면 차로 이용하거나 술을 담그기도 한다. 오미자는 주로 간의 해독 작용에 도움을 주며, 특히 피로회복에 좋아 상비해 두면 두루두루 유용하다. 이 외에 감기에도 특효를 보이는데 감기 초기에 오미자원액을 한 숟가락 듬뿍 떠먹으면 증세 완화에 도움이 된다.

가정에서 매번 직접 우려내기 번거롭다면 청정 지역에서 자란 무농약 오미자를 설탕과 함께 발효·숙성한 효소제품을 이용하자. 인공 색소나 구연산, 과당 등을 사용하지 않아 오미자의 순수한 맛이 그대로 살아 있으며 진하게 농축되어 있어 조금만 희석해도 따뜻한 차나 시원한 음료를 간단히 만들 수 있다. 이 외에도 화채국물이나 원소병 등에 이용하면 맑고 청아한 진달래빛과 향기를 그대로 더할 수 있다.

식혜 우리 것이 좋은 것이여~

탄산음료에 대한 경각심이 높아지는 만큼 다양한 대체 음료들이 속속 나타나고 있다. 특히 식혜의 판매량이 많은데, '떡과 식혜'라는 말처럼 우리 음식이라는 느낌이 들어 그런지 대부분 아무런 의심 없이 사먹곤 한다. 그러나 이는 큰일 날 일. 식혜의 주원료인 멥쌀과 엿기름이 안전한지 따져 봐야 하고 입에 달짝지근하게 달라붙는 단맛도 무엇인지 알아봐야 한다. 유통기한이 긴 것도 문제다. 자연식품은 그렇게 장기간 보관할 수 없기 때문이다.

무농약 우리쌀과 엿기름, 생강가루를 원료로 하여 단맛을 낮춘 식혜는 부드럽고 감칠맛이 있어 아이들도 곧잘 마신다. 현미로 만든 구수한 식혜도 있으니 경험해 볼 일이다.

식혜 1.5L 4,100~6,900원

과일주스 수입 오렌지는 이제 그만

언제부터인가 주스의 대명사로 군림한 오렌지 주스. 하지만 미국 내에서는 절대로 먹어서는 안 되는 과일로 오렌지를 들기도 한다. 그만큼 재배 과정에서 문제가 많기 때문인데 특히 주스는 껍질째로 즙을 내기 때문에 위험 수위가 아주 높다.

시중에 나와 있는 과일주스는 대부분 수입 과일을 농축시킨 원료에 물을 타서 만든다. 농약, 화학비료, 보존제가 범벅인 과일도 문제이지만 탈수하고 농축시키는 과정에서 과일 본래의 영양소가 파괴되고 구연산, 액상과당 같은 첨가물이 들어갈 수밖에 없다. 무가당이라 해도 당을 첨가하지 않을 뿐 일반 가공식품과 다를 바가 없다.

친환경 농법으로 과일을 재배하여 주스를 만드는 농장에서는 가장 이상적인 형태로 과일 수분을 착즙하며 인공향, 색소, 방부제, 고정제 등 일체의 화학첨가물을 사용하지 않는다. 맛도 깔끔하여 아이들이 좋아한다.

재사용병 수거
친환경 운동을 실천하는 농가 청암농산에서 나오는 주스 병은 수거하여 깨끗하게 세척 살균 처리하여 다시 사용한다.

과즙 500ml 2,500~3,000원

포도밭의 맑은 기운이 가득

우리나라 와인 시장이 하늘 높은 줄 모르고 계속 치솟고 있다. 와인 시장의 성장과 더불어 프랑스, 칠레, 미국, 스페인, 이탈리아 등 포도 농사가 잘된다는 나라의 온갖 종류의 와인도 쏟아져 들어온다.

와인이라는 술은 본디 각 지역의 토양과 기후 조건, 포도의 품종과 그해 농사의 상태 등에 따라 맛과 향이 천차만별이고 고유한 개성을 얻게 되지만 아직까지 우리나라에서 제조한 와인은 그 종류가 많지 않다. 다행스러운 일은 친환경 포도로 만든 국내산 와인의 종류가 속속 출시되고 있다는 것이다. 농약을 거의 사용하지 않고 재배한 포도로 만드는데 껍질까지 모두 우려내는 와인 제조의 특성을 고려할 때 한결 안심이다. 당도가 부족한 켐벨 품종이라서 설탕을 첨가하기도 하지만 말이다. 단맛이 나는 스위트와인과 단맛이 없는 레드와인 두 종류가 있으니 마시는 취향에 따라 고르면 될 일이다. 가격 그 이상의 기대를 해도 손색이 없다.

레드와인 700ml 9,000~11,000원

도라지청 210g 31,000~35,000원

도라지청 기침 뚝! 감기 뚝!

모든 음식에는 몸을 보하는 성분이 있어 몸을 이롭게 한다. 음식으로 고치지 못하는 병은 약으로도 고치기 어렵다는 말처럼 음식을 잘 먹는 것은 매우 중요한 일이다. 게다가 도라지청은 식품 자체에 들어 있는 성분을 약처럼 사용할 수 있는 것이어서 여간 반가운 게 아니다.

도라지는 인삼이나 더덕처럼 사포닌 성분이 풍부하여 가래를 삭이고 꾸준히 마시면 감기 예방에 도움이 된다. 도라지청은 3년에서 7년근 약도라지를 이용하는 것이 가장 약효가 좋은데 첨가물을 넣지 않고 오랫동안 달여야 아리고 쌉쌀한 맛이 없어지고 단맛이 감돈다. 여기에 꿀을 조금 더 넣으면 아이들도 좋아하는 상비약이 될 수 있다.

감기를 다스리기 위해 집에 준비해 놓으면 좋은 것은 도라지청 외에도 목감기에 좋은 구죽염, 기침·가래에 좋은 오미자효소 등이 있다.

매실청 우리 몸의 청소부

매실에 대한 효능과 관심이 높아지면서 매실은 식당을 비롯하여 어느 곳에서도 쉽게 먹고 마실 수 있는 식품이 되었다. 상큼한 맛이 입맛을 개운하게 정리하고 건강에도 좋아 커피 대신 매실차를, 쿠키 대신 매실 조림을 디저트로 원하는 손길이 늘고 있는 것이다.

집에서는 배탈이 나거나 상한 음식을 먹었을 때 매실청으로 다스릴 수 있다. 무엇보다 목마른 여름, 그냥 물을 마시는 것보다 차가운 물에 매실청을 타 마시면 갈증이 쉽게 가신다.

매실청을 만드는 매실 역시 가능하면 화학농법보다는 자연 조건을 이용해 길러 낸 것이 건강에 좋고, 다음 해 매실 농사에도 도움이 된다. 매실청은 매실을 수확한 후에도 세심한 공정을 거치는데 올리고당이나 설탕을 섞어 전통 항아리에서 발효·숙성시킨 것이 특징이다.

매실 고유의 맛과 향이 살아 있는 매실청은 몸에 이로운 유기산을 듬뿍 함유하고 있어 고기 먹은 후, 외식 후, 각종 요리에, 손님 차에, 소주칵테일 등에 다양하게 쓸 수 있어 참 좋다.

매년 6월, 제철 매실을 구입해 집에서 만들어도 좋다. 매실 꼭지를 이쑤시개로 따서 다듬은 후 유리용기에 매실과 설탕을 일대일로 넣고 3개월간 발효시키고 건더기는 건져낸다.

매실청 580g 13,000~18,000원

아카시아꿀 1.2kg 22,000~30,000원
잡화꿀 1.2kg 23,000~25,000원
토종꿀 1.2kg 50,000~300,000원

 **꿀** 자연의 축복이 몸에도 축복이어야

꿀은 꽃이 피는 경로를 따라 이동하며 채취하는데 농약을 사용하지 않는 환경 조건이 필수이다. 처음 벌이 꿀을 물어 오면 53퍼센트의 수분이 있어 묽다. 이것을 며칠에 걸쳐 벌이 날갯짓으로 말리면 진하게 농축된다. 이것이 바로 살아있는 좋은 꿀.

시중에는 꽃에서 물어온 꿀이 아니라 벌에게 설탕물을 먹여 인위적으로 만든 것도 있으니 잘 살펴야 한다. 또 좀 더 빨리, 좀 더 많은 꿀을 출하하기 위해 꿀에 높은 열을 가해 강제로 농축시키기도 하니 조심한다. 꿀을 받는 과정에서 열을 가하면 꿀의 효소가 모두 죽어 꿀의 고유한 성분이 파괴되기 때문이다.

벌의 생존력을 키우기 위해 양봉농가에서는 벌에게 항생제를 먹이기도 하는데 항생제가 고스란히 꿀에 녹아나므로 자연이 주는 축복을 제대로 찾아 누리려면 생산 과정을 투명하게 공개하는 곳에서 구매해야 할 것이다.

떡 눈으로 고르지 말자

우리 민족에게 떡에 대한 인식은 밥만큼이나 친밀하다. 빵에게 그 자리를 내어 설 자리가 좁아지긴 했지만 빵에 대한 환상이 조금씩 벗겨지면서 떡이 다시 주목을 받고 있다.

그런데 밥만큼이나 믿었던 떡이 위험천만이란다. 값싼 수입쌀에 인공색소며 향료 등 맛을 조작하는 온갖 첨가물과 방부제가 들어간다고 하니 기가 막힐 노릇이다.

떡은 원재료 표기가 의무화되어 있지 않아 선택이 망설여지는 만큼 믿을 수 있는 곳에서 구입하는 것이 낫겠다. 다행히 대부분의 생협에서 친환경 쌀에 설탕 대신 조청을 넣고 인공 색소 대신 오미자, 쑥 등으로 자연색을 낸 떡을 만날 수 있다. 떡의 종류도 다양하여 입맛대로 고를 수 있고 입시철엔 수험생을 위한 찹쌀떡도 안심하고 선물할 수 있어 인기다.

찹쌀떡 200g 3,200원 **인절미** 200g 2,100원, 떡 종류에 따라 다양함

새우스낵 60g 1,400~1,600원
밥풀과자 120g 1,900원 등 종류별로 다양

과자 자연 미각을 해치치 않아요

과자는 어느 나라에서나 대표적인 주전부리로 오랜 역사를 가지고 있다. 우리나라 또한 쌀가루나 밀가루, 꽃가루에 꿀과 견과를 더해 한과를 만들어 먹었다. 지금은 서양식 과자가 주류가 되었지만 말이다.

대량 생산을 하기 때문에 저렴하고 쉽게 이용할 수 있어 과자 한 봉지 없는 집이 없지만 사실 그 속내를 들여다 보면 어두운 진실이 숨어 있다. 밀가루, 옥수수, 감자 등 주재료는 먼 타국에서 알 수 없는 재배 과정을 지나 여러 단계의 가공과 약품 처리를 거치고 과자 제조 공정에서는 수없이 많은 식품첨가물이 들어간다. 이 과정에서 아이들을 난폭하게 만드는 산화방지제, 알레르기 반응을 일으키는 표백제 등 각종 합성첨가물에 과다한 염분까지 더해진다.

친환경 식품 매장에 있는 과자는 이런 문제를 극복하고 탄생한 것이다. 우리 땅에서 키운 농작물을 사용하고 방부제, 색소, 사카린, 산화방지제, MSG 등의 합성첨가물과 유전자조작 식품을 사용하지 않는다. 특히 한과는 친환경 재배 쌀과 쌀조청을 직접 고아서 만들어 더욱 믿을 수 있다.

갓 구워 낸 빵에 속지 않기

생활양식의 변화와 함께 간식은 물론 주식으로도 그 지위가 격상되고 있는 것이 빵이다. 이를 반영하듯 대형 베이커리 업체는 유명 연예인을 앞세워 광고 선전을 강화하고 있다. 그러나 이렇게 화려하고 달콤한 빵의 세계 이면에는 우리가 미처 알지 못하는 진실이 숨어 있으니, 바로 빵을 구성하는 원재료에 대해 알려지는 정보가 거의 없다는 것이다.

아무리 오래 두어도 상하지 않고 벌레 한 마리도 생기지 않는 수입밀가루는 알레르기를 유발하는 글루텐 함량이 높다. 여기에 설탕과 버터, 소금과 개량제, 유화제 등을 넣어 오븐에 구워낸 것이 우리가 먹는 갓 구워낸 빵이다. 더욱이 근래에는 천연 버터의 생산이 국내에서 거의 중단되어 대부분의 제과점에서 마가린을 사용하고 있는데 이는 트랜스지방 덩어리이다(친환경 빵을 생산한다는 곳에서도 가공버터를 섞어 사용하는 형편).

빵을 고를 때에는 그것을 구성하고 있는 원재료를 우선 들여다보는 것이 좋다. 각종 첨가물의 유무는 물론 마가린·가공버터와 같은 트랜스지방 함량도 점검해 보고, 주재료로 쓰이는 밀의 출처도 따져본다. 부드럽고 촉촉한 빵에만 길들여진 입맛에는 우리밀이 다소 거칠게 느껴질 수 있지만, 인위적으로 부드러운 빵을 만들려면 수입밀에 더 많은 기름과 설탕, 첨가물이 필요하다는 사실을 잊지 말자. 오랫동안 빵을 주식으로 하는 문화에서는 오히려 거칠고 구수한 밀 고유의 맛이 대접받아 왔다. 빵에 대한 입맛의 기준을 새로이 마련할 때다.

82

종류에 따라 다양함 600g 3,000~7,000원

🔺 잼 과육이 씹히네!

잼은 과일에 설탕을 넣어 약한 불로 졸여 만든다. 이는 결국 과일이 주가 된다는 의미이다. 하지만 실제로는 과일은 구색만 갖추고 다른 식품첨가물로 맛과 향을 내는 경우가 흔하다.
이제부터는 잼에 들어 있는 과일을 들쳐 보자. 과일의 함량은 물론, 친환경 재배인가를 확인해야만 잔류농약으로부터 해방될 수 있다. 또 방부제, 인공향과 색소, 응결제 등 필요 없는 식품첨가물이 들어가지는 않았는지 확인하는 것도 필수다.
진짜 과일이 듬뿍 들어 있는 잼은 친환경 매장에서 구할 수 있다. 딸기잼, 사과잼, 포도잼 등 제철에 자란 청정 과일을 합성첨가물 없이 충분한 여유를 두고 저온농축으로 만들어 영양성분의 손실을 최소화했기 때문에 마음 놓고 고를 수 있다.

아이스크림 브랜드로 전 세계에 널리 알려져 있는 베스킨라빈스 집안의 상속자 존 라빈스가 아이스크림에 대한 양심선언을 하는 책을 내 세간의 화제를 모은 적이 있다. 이 책을 보면 아이스크림 제조 과정에 들어가는 유화제는 발암물질을 유발하고, 줄줄 녹는 것을 막기 위한 안정제는 위험한 화학물질의 흡수를 돕는다. 강렬한 색깔을 내기 위해 타르색소 같은 착색료를 집어넣었을 뿐만 아니라 대장균이 도사리고 있어 도저히 알고는 못 먹을 게 아이스크림이라는 생각이 들 정도다.

그의 양심선언에도 불구하고 선명한 색깔과 다양한 맛을 지닌 아이스크림과 빙과는 아이들이 끊임없이 사달라고 조르는 품목이어서 난처하기만 하다.

다행히 이런 고민을 조금은 풀 수는 있다. 합성첨가물이나 설탕을 넣지 않고 친환경으로 재배한 과일의 즙만으로 만든 빙과도 있고, 유기농 우유로 만든 아이스크림이나 아이스바도 등장했다. 먹고 싶어하는 아이가 즐거워하는 모습도 볼 겸 가끔씩은 무장 해제하고 시원한 단맛을 즐겨볼 일이다.

얼림용과즙 120g 3개 2,750원
단팥가득바 70ml 10개 9,500원
바닐라아이스크림 474ml 7,000원

친환경 식당 집 밖에서도 안심

생협이나 친환경 매장을 이용해 장을 보는 등 건강도 지키고 자연에도 해가 없는 생활을 하기 위해 노력을 하더라도 외식을 할 때는 선택의 여지가 없다. 신선해 보이는 채소와 푸짐한 고기들, 인심 좋게 뿌려 놓은 깨소금과 참기름, 달착지근하게 감칠맛 나는 맛의 향연 앞에 애써 지켜온 식습관은 무방비 상태로 무너진다.

이런 외식 문화의 강요에 반기를 들고 우리 땅의 친환경 농수산물과 무항생제 육류, 유정란 등을 사용하고 화학조미료도 없이 맛난 밥상을 차려 내는 곳이 늘어나고 있어 반갑다. 미리 예약을 하면 도시락이나 뷔페 상차림이 가능하므로 여러 명이 함께 하는 나들이나 모임에서도 밥 걱정을 해결할 수 있다.

내가 이용해 봤던 불고기 도시락을 예로 들면 담백한 한우불고기에 현미유로 부친 유정란 계란말이, 제철에 재배된 친환경 채소로 무친 나물이 그득하고, 직접 담근 매실과 마늘장아찌까지 어느 것 하나 남길 것이 없었다. 반찬과 밥 아래에는 알루미늄 호일 대신에 친환경 종이 호일이나 담쟁이 잎이 얌전히 깔려 있기도 한데 내 몸은 물론 환경을 생각하는 식당의 철학이 고스란히 묻어나서 더욱 뿌듯했다. 친환경 식당은 아직 그 수가 많지 않지만 먹을거리의 중요성에 인식을 함께한 사람들이 많아지면서 그 수가 조금씩 늘고 있다. 대표적인 친환경 식당은 이 책의 131쪽에 정리해 놓았으니 참고하기 바란다.

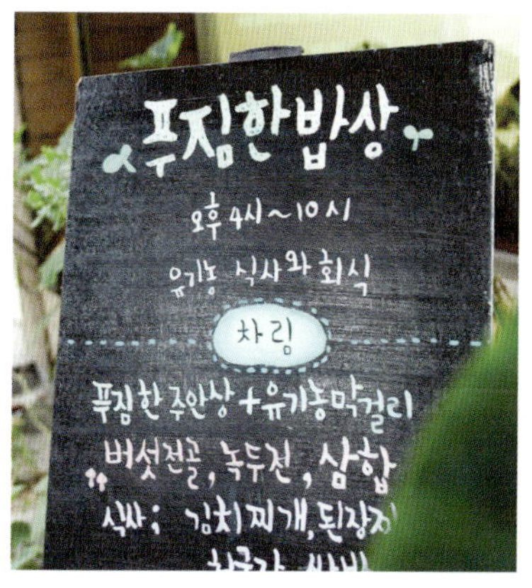

식당마다 다름.
정식 8,000원 **도시락** 10,000~15,000원
코스상차림 23,000~40,000원

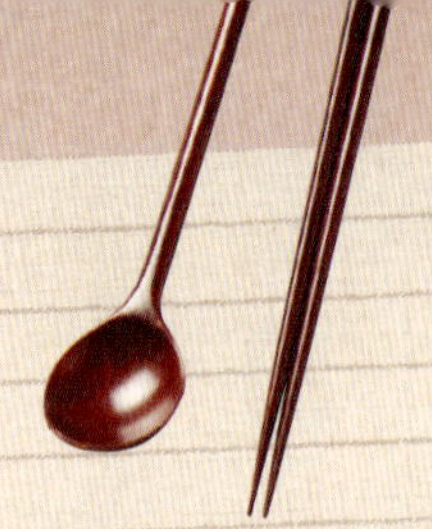

집밥과 외식

"엄마, 밥 줘요~"

아이들은 시도 때도 없이 외쳐 댄다. 엄마 얼굴을 보면 먹는 것부터 생각나는 게 아이들의 본능인가 보다. 어머니가 정성을 다해 차려주는 밥은 가족들에게 생명줄이다. 이 밥에는 단순히 생존을 가능케 하는 물리적인 역할 말고도 그 뒤에 숨어 있는 정신적인 힘이 크다. 자취 생활을 하거나 식당 밥을 오래 먹은 사람들이 늘 집밥을 그리워하는 것은 이 때문. 똑같은 쌀과 반찬이 있는 평범한 밥상인데 왜 집밥과 외식은 다르게 느껴지는 것일까?

불특정 다수를 상대로 짧은 시간동안 대량으로 만드는 외식은 밥을 먹는 이들이 중심에 없다. 외식이 대형화될수록 밥을 차려 내는 것이 사람들을 먹이기 위한 것이 아니라 수익을 창출하는 것이 궁극적인 목표가 된다.
외식 산업에서 원가 절감을 위해 가장 먼저 손 대는 곳이 식재료이다. 식당은 저가의 수입 농산물과 가공식품이 유입되는 블랙홀이 되고, 유통기한이 지난 식재료가 버젓이 사용되는 경우도 심심치 않게 발견된다. 경제성이 최우선이기 때문에 시간과 경비, 노력이 더 많이 필요한 조리법은 시도하기조차 어렵다.

외식 산업의 질서는 과도한 식품첨가물의 사용으로까지 자연스럽게 이어진다. 많은 음식을 빠른 시간 안에 적은 비용으로 만들어야 하기 때문에 재료가 가지고 있는 고유의 맛을 제대로 살려 내기 어렵지만 그 '맛'이라는 것이 꼭 필요한 상품이기 때문에 합성조미료로 슬쩍 흉내 내는 것이다. 반면 대량으로 생산한 식당 밥과는 달리 집밥은 내 가족의 건강과 안위를 최우선에 두고 만든다. 재료 하나하나의 맛을 더 살리고 무엇보다 식구들의 개성과 체질을 고려하여 궁합에 맞게 조리하니 이런 밥을 먹어야만 '밥이 보약'이라는 말이 성립되는 것이다.

집밥은 신선하다. 저장·발효 식품이 아닌 이상 대부분 바로 만들어 그 자리에서 먹거나 길어야 하루 이틀 정도 두었다 먹을 정도니 맛은 물론 영양 성분의 파괴가 적고 합성보존제를 사용할 필요가 없다. 식재료도 음식의 원가보다는 맛과 신선도, 안전성에 더 무게를 두고 선택하게 되는데 경제성 이전에 나와 내 가족의 건강과 안위를 최우선에 두기 때문에 가능한 일이리라.

그 옛날, 저녁이 다 되도록 동네 열 바퀴를 돌다가 배꼽시계를 움켜쥐고 대문을 열고 들어오면 코끝을 유혹하는 구수한 냄새가 바로 밥 짓는 냄새이다. 하루해를 마감하고 돌아오면 식구들을 위해 분주히 차려 내는 밥 냄새, 기름 냄새, 간장, 된장 냄새가 한데 어우러져 우리를 행복감에 젖게 한다. 우리가 즐겨 부르는 동요 속의 가사 "모락모락 피어나는 저녁연기~"에는 곧 모여들 가족들을 생각하며 부지런히 손 놀려 지어 내는 엄마표 밥에 대한 기대감이 드러나 있다. 그 만큼 가족에게 엄마가 차려 내는 밥은 세상을 살아가게 하는 힘이 되고 위안이 되는 것이다.

경제적인 면에서도 집밥은 외식을 능가한다. 필요 없는 광고 마케팅 비용을 지불하지 않아도 되고, 식당 운영에 필요한 서비스 대가도 지불할 필요가 없다. 그저 밥 짓는 이의 정성과 먹는 이의 감사함만이 오갈 뿐이다. 실제 가격을 따져 보아도 집밥은 외식에 비해 훨씬 저렴하다. 4인 가족이 한 번 먹을 수 있는 피자 한 판은 3만원을 훌쩍 넘는데 유기농 쌀 4킬로그램은 2만 원을 넘지 않는다. 이 쌀에 반찬을 더하면 4인 가족의 일주일 밥상도 차릴 수 있다.
이쯤 되면 집밥과 외식의 대결 구도에서 집밥을 선택해야 할 이유는 더 분명해졌다. 요즘은 믿을 수 있는 반조리 식품도 있고 천연조미료도 나오고 있어 예전보다 집에서 음식을 하기도 쉬워졌고, 직접 장을 봐서 다듬고 끓이는 수고로움이 있기는 하지만 살림살이도 절약하고 건강과 안전을 보장할 수 있다는 장점이 있으니 어느 것이 더 중요한 가치인지는 이제 선택하는 사람의 몫이다. 정서적 안정감에 양질의 영양 공급, 거기에 경제성까지 모두 갖춘 집밥의 중요성을 다시금 되새겨 보자.

주방용품·욕실용품

집안 살림의 대부분을 이끌어 주는 주방과 욕실.
그 안에서 먹고 씻고 배설하는 것은 삶 자체라고 할 수 있다.
많은 용품들이 생겨나면서 더 깔끔해지고 편리해졌지만
진짜로 이로운 것은 좀 더 따져 봐야 찾을 수 있다.

장바구니 지구 살리기의 첫걸음

환경운동가나 친환경주의자 같은 단어는 일반인에게 다소 낯설고 유별나 보인다. 환경친화적 삶에 관심이 있다 하더라도 내게 과연 그런 수식어가 가당키나 할까 하고 생각하는 이도 적지 않을 것이다. 그러나 천만의 말씀. 시장 보러 갈 때 장바구니를 챙기는 센스를 가졌다면 당신은 이미 환경운동가이다. 이미 여러 생협이나 시민단체에서 폐 현수막이나 헌 보자기 등을 이용하여 친환경 장바구니를 만들어 쓰고 있다. 백화점에서도 그들만의 예쁜 장바구니로 손님 끌기 작전을 앞 다투어 벌인다. 손님 끌기 작전이란 걸 알기에 조금 얄밉기도 하지만 그래도 예쁜 장바구니를 사용하면 돈도 깎아 주고 환경 살리기에 조금이라도 동참할 수 있으니 좋은 기회임에는 틀림이 없다. 장바구니 사용으로 대를 이어도 썩지 않을 비닐 봉투 감소에 일조할 수 있다면 이것이 바로 지구 살리기의 첫 걸음이리라.

장바구니 무료 혹은 1,000~3,000원

잠들고 있는 장바구기를 함께 써요!
한살림 서울은 '장바구니 함께 쓰기' 캠페인을 하고 있는데, 집에서 쓰지 않는 장바구니를 매장에 기증하면 필요로 하는 다른 소비자가 이용할 수 있어 일회용 비닐봉투 사용을 막을 수 있다.

향이 나거나 무늬가 있는 휴지에게 마음이 끌린다 하더라도 무엇인가 인위적으로 첨가되었을 때는 눈을 동그랗게 뜨고 우리 몸에 유해한지, 무해한지를 따져 봐야 한다. 한 걸음 더 나아가 멀쩡한 나무를 베어 만든 것인지, 자원을 재활용해 만든 휴지인지 살펴보는 센스를 가졌다면 당신은 이미 친환경 살림꾼이다.

휴지는 말 그대로 더러운 것을 닦아내는 것인데, 합성착향제가 첨가되고 형광물질 범벅으로 태어날 때부터 오염되어 있다면 휴지로서의 기능을 하기는커녕 오히려 인체와 환경에 오염을 더할 뿐이다.

휴지를 고르기 전에 필요한 것은 휴지를 덜 쓰는 노력이다. 키친타월을 사용하는 것보다는 삶고 빨아서 다시 쓸 수 있는 행주를 사용하는 것이 경제적이고 주방 위생에도 좋다. 기름기는 어쩔 수 없다지만 너무 편리한 것만 찾다가는 화장실에도 휴지를 둘 수 없는 날이 올 수 있을지 모른다.

물론 휴지를 안 쓸 수는 없는 노릇. 꼭 필요한 곳에 사용하는 휴지라면 재생펄프를 이용해 형광표백제나 인공색소, 인공향료 없이 만든 그야말로 깨끗하고 건강한 휴지를 골라서 쓰자. 우유팩을 재활용한 휴지의 경우 먼지가 날리지 않고 자극이 없는 등 품질도 우수하다.

세겹둥근휴지 45m X 12개 7,200원
사각휴지 180매 X 3상자 3,300원

조리도구 뜨거운 물에도 환경호르몬 걱정 없는

음식은 어떤 식재료로 어떤 용기에서 조리하는가도 중요하지만 어떤 도구로 조리하는가도 중요하다.

환경호르몬 걱정으로 무쇠, 옹기, 유리, 스테인리스 스틸 등의 용기를 이용하면서 플라스틱 조리 도구를 사용한다면 팥소 빠진 찐빵, 하나만 알고 둘은 모르는 초보티를 팍팍 내는 것. 특히 뜨거운 음식을 조리할 때 플라스틱 제품을 사용하면 환경호르몬을 조미료로 첨가하는 것과 같다.

뜨거운 음식은 물론이고 음식을 직접 뒤섞고, 버무리고, 뒤집는 데 필요한 조리도구는 유해성이 없는 나무나 스테인리스 스틸 재질의 것을 장만하자. 옻칠이 되어 세균 번식을 막아 주는 것이라면 더욱 좋고, 스테인리스 스틸도 무조건 싼 것보다는 원재료의 함량과 질이 제대로인 것을 골라야 한다. 친환경 제품을 선택할 때 항상 주의해야 할 것이 바로 무늬만 친환경인 것. 특히 스테인리스 스틸의 경우 선호도가 높다 보니 스테인리스 스틸을 닮은 저렴한 것이 많이 나오는데 육안으로는 비슷해도 중금속 등의 유해 성분이 나오니 주의해야 한다.

요리용 포크 1,000~5,000원
스테인리스 조리 집게 1,000~2,500원
옻칠 주걱 8,000원
박달나무 주방 3종 세트 32,000원

 ## 65 수세미 세균 걱정 없고 경제적인 아크릴

대형 마트의 주방용품 코너에 가면 화려하기 짝이 없는 수세미들이 알록달록 색동옷을 차려 입고 소비자를 유혹한다. 색색가지 각기 다른 모습이지만 한 가지 공통점이 있다. 바로 '항균 마크 획득'이라는 글이 박혀 있다는 것.

항균을 강조하는 이들 수세미는 역설적이게도 수세미에 세균 증식이 가능하다는 사실을 말해 준다. 매일같이 음식물을 닦아 내니 세균이 산다는 것은 당연하지만 항균 마크 하나만으로 수세미가 위생적이고 안전하다는 결론을 내리기는 어렵다. 항균 기능을 발휘하기 위해 수세미에 각종 화학약품을 처리하겠지만 그나마 그 항균 기능이라는 것도 그리 오래 가지 못하기 때문이다.

나는 기존 수세미의 대안으로 아크릴 손뜨개 수세미를 추천한다. 잘 변형되지 않아 가끔씩 삶아 주면 세균 걱정에서 자유롭고, 세제 없이도 웬만한 기름기는 닦아 낼 수 있으며, 세제를 쓸 때에도 거품이 잘 난다. 가격은 일반 수세미의 반의 반도 안 되며 개성껏 나만의 수세미를 만들어 쓸 수도 있다. 세균의 온상이 되어 설거지를 한 건지, 세균과 화학제품을 바른 건지, 찝찝해 하지 말고 뜨거운 물에 살짝 삶아 개운한 설거지를 경험해 보길 바란다. 아크릴 수세미는 생협은 물론 동네마트에서도 판매하고 있어 쉽게 구입할 수 있다.

 ## 무쇠솥 에너지 절약과 철분을 동시에

가마솥으로 지은 밥은 맛도 좋지만 영양가도 듬뿍이라는 사실을 알고 있는가. 이 비밀의 열쇠는 가마솥이 무쇠로 만들어진 데에 있다. 열전도율이 높아 사면에서 고루 열을 보내면서도 무거운 뚜껑이 위에서 눌러 주어 저절로 압력 밥솥이 된다. 복사열로 짧은 시간에 밥이 되니 에너지도 절약되고, 덤으로 철분을 듬뿍 함유한 누룽지까지 얻을 수 있다. 감히 가마솥 누룽지를 제품화 된 누룽지와 비교하면 기분 상할 일이다.

무쇠 프라이팬은 한 번만 사용해 보아도 무쇠 마니아의 세계로 확 빠져들 만큼 매력적이다. 음 식이 눌어붙지 않고 삼겹살을 구울 때도 전혀 냄새가 나지 않아 사용한 이들은 주변에 추천하 기에 바쁘다.

무쇠솥이나 프라이팬을 고를 때는 겉만 보지 않고 속 재료까지 확인하는 것이 좋다. 시중에서 판매하는 대부분의 무쇠솥은 저가의 수입산 잡철을 섞거나 심지어 표면에 석유화학제품으로 코팅을 하기도 하는데 이는 결국 유해물질을 고스란히 먹는 것이어서 구입할 때 깐깐히 따져 보는 지혜가 필요하다. 우수한 품질의 선철로 만든 것을 사다가 스스로 길들여 가면서 오래 두 고 쓰는 것이 좋다.

가마솥 5인용 53,000원
무쇠 프라이팬 30,000~40,000원

67 옹기 | 숨 쉬는 항아리가 진국을 만드네

옹기는 뜨거운 음식을 담아도 환경호르몬이 전혀 나오지 않는 자연에 가장 가까운 그릇이다. 깨졌을 때도 착하다. 좋은 흙으로 빚어서인지 사람의 손을 날카롭게 베지 않는다. 조금 금이 가거나 깨졌을 때는 화분으로 재활용할 수도 있으니 자연에 순응하는 그릇이라 할 만하다.

흙이 숨을 쉬며 자연에 순응하듯 옹기도 숨을 쉰다. 옹기의 숨은 그 속에 담긴 음식의 자연스런 맛을 우려낸다. 몇 천 년 동안 우리 맛 지킴이 역할을 해 온 옹기는 배가 두둑하고 선이 완만하여 평범하지만, 무엇을 담아도 잘 어울리는 넉넉한 아량을 갖고 있다. 습기를 뿜어내고, 흙 사이로 바람이 통하니 음식을 저장하는 용기로 제격이다.

일제 강점기에 옹기를 흉내 내어 '광명단 옹기'라는 것이 나오기도 했는데 옹기에 번들거리는 유약을 발라 숨구멍을 막아 놓았으니 그야말로 무늬만 옹기일 뿐. 정성껏 안전한 재료를 고르고 조리해 놓고 제대로 된 그릇에 담지 못하여 영양소가 파괴되거나 오히려 해로운 물질을 먹는 우를 범하지는 말자. 좋은 옹기는 부식토와 재를 섞어 만든 유약을 발라 구은 것으로 광명단 옹기처럼 반짝거리지 않고 투박한 것이다.

항아리 3,9000~100,000원, **뚝배기** 10,000~30,000원

68 유리 밀폐용기 투명함이 맛깔스러움을 더하여

무겁고 잘 깨진다는 단점이 있음에도 청결성이 요구되는 각종 음식물의 저장 용기에 유리를 많이 사용한다. 환경호르몬을 내뿜는 플라스틱 용기의 유해성이 널리 알려진 덕분이다. 조금 불편하고 신경이 쓰이더라도 내 몸에 안전한 제품을 선택하겠다는 똑똑한 소비자들이 그만큼 늘어난 셈.

유리는 음식을 플라스틱에 저장했을 때 의심되는 음식의 여러 가지 부정적인 변화에서 자유롭다는 장점이 있다. 염도가 높은 김치나 젓갈을 플라스틱 용기에 넣어 두면 플라스틱의 유해한 성분과 반응하여 음식의 맛과 질이 확 떨어지는데 유리 용기라면 일단 안심. 이 기회에 김치물이 배어 지저분해진 플라스틱 용기는 재활용품 쓰레기통으로 보내고 가족의 건강을 위해 유리를 사용해 보자. 단 유리 용기를 고를 때에도 강화유리나 내열유리로 만든 용기는 멀리하는 것이 좋다. 내구성이 좋긴 하지만 제조공정의 안전성이 제대로 검증되지 않아 차라리 일반 유리 제품을 고르는 것이 속편한 방법이다.

69 도마 향긋한 소나무에 옻칠을 입혔네

도마는 빼놓을 수 없는 주방용품으로 예전에는 대부분이 나무 도마였지만 근래에는 플라스틱이나 유리 등 다양한 소재의 도마도 많이 나와 있다.

이들 도마는 모양과 소재는 달라도 세균 번식에 대비한 '항균 기능'이라는 공통 관심사가 있어 무기성 항균제가 주로 사용된다. 하지만 이런 항균제를 직간접적으로 섭취하면 금속 알레르기가 생겨날 위험이 있고 일단 증상이 발생하면 치료가 무척 어렵다. 또 항균이라 해도 균의 번식을 차단하는 게 아니라 표면에 붙은 세균 증식을 억제할 뿐이어서 그 효과를 보기 어렵다. 차라리 나무 도마를 뜨거운 물로 소독해 햇볕에 잘 말려 쓰는 것이 안전하다.

나무 도마 중에는 국내산 소나무에 옻칠을 한 제품도 나오는데 습기와 세균, 곰팡이에서 자유롭고 내구성이 강해 추천할 만하다. 옻은 예로부터 제기에 많이 썼을 정도로 인체에 무해하면서 천연 항균 효과가 크다.

유리 밀폐 사각 용기 150ml 1,500~1,800원

옻칠도마 31,000~63,000원
옥수수도마 18,900~24,000원

주방용 물비누 750ml 3,000원
사탕수수 추출 세제 500ml 4,000원

물살림 고체비누 4개 1,300원
EM 세탁용비누 1개 800원

 ## 주방세제 합성 계면활성제 정말 나빠!

고무장갑의 답답함이 싫어 맨손으로 설거지를 하는 사람들을 심심치 않게 볼 수 있다. 사실 맨손으로 그릇을 헹구면 뽀드득 하는 개운함이 느껴져 기분 또한 상쾌해지는 것이 사실이다. 피부가 약하거나 예민한 사람들은 쉽지 않은 일이지만 말이다.

물일을 많이 하면 주부습진이 걸릴 수도 있지만, 동반되는 가려움증은 주방용 세제 속에 들어 있는 합성 계면활성제 때문이다. 피부에 닿는 것만으로 눈에 보이는 피해를 주는 이 첨가제는 피부의 세포막을 녹여 몸속에 침투한다. 뿐만 아니라 옹기와 나무, 금속과 플라스틱 식기를 일반 주방세제로 설겆이하는 것은 잔류하는 이 화학약품을 그냥 우리 입속에 넣는 것이나 다름없다. 설거지 후 버려지는 폐수들은 또 어떠한가. 내 몸에 좋은 것을 써야 자연에도 해롭지가 않을 일이다.

합성 계면활성제를 사용하지 않고 천연 유지에 간단한 화학반응을 일으켜 천연 계면활성 효과를 내는 친환경 세제들이 많이 출시되어있다. 충분한 세척과 살균 효과를 낼 뿐만 아니라 부드러운 느낌에 피부에도 큰 자극을 주지 않으므로 세정력 운운하며 합성세제를 계속 사용하는 실수를 범하지는 말아야겠다.

 ## 세탁비누 빨래는 비누가 짝꿍!

시중의 세탁비누는 예전보다 잘 무르지도 않고 빨래도 금세 하얘지지만 세척력이 향상됐다기보다는 그 안에 들어 있는 규산염과 형광증백제의 역할이 크다. 형광증백제는 빨래의 때를 없애 주는 것이 아니라 때에 하얀 염색을 하는 것이나 마찬가지라서 피부에 닿으면 알레르기를 일으키는 등 부작용이 크다.

세척력으로 따지자면 불필요한 첨가물 없이 폐식용유를 재활용한 비누가 더 좋다. 폐식용유를 재활용하는 데다가 합성 계면활성제까지 넣지 않아 맨손으로 북북 빨래를 치대도 손에 자극이 없다. 빨래를 삶아도 화학 성분의 냄새가 나지 않고, 강으로 흘러간 뒤에도 미생물에 의해 분해되니 친환경적 요소는 다 갖추었다. 더욱이 폐식용유를 그냥 버리면 물 정화에 많은 시간과 노력이 들지만, 비누로 만들어 쓰면 세탁도 하고 물도 아프게 하지 않으니 지구 살리기에 일등공신이라 할 만하다. 집에서 만들 때에는 폐식용유에 물(기름의 33%)과 가성소다(기름 1그램당 가성소다 0.14그램)를 준비한 다음, 물에 가성소다를 녹이고 가성소다 녹인 물을 기름에 붓고 블렌더로 섞는다. 그런 다음 어느 정도 점도가 생길 때까지 젓다가 용기에 담아 24시간 보온 후 굳으면 잘라 쓰면 된다.

물살림 가루비누 3kg 8,100원

72 가루비누 세탁기에도 진짜 비누를 넣어 주자

환경에 대한 인식이 새로워져 관련 보호 규제가 강화되자 그 기준을 통과하기 위해 끊임없이 새로운 유독 물질로 얼굴을 바꾸어 가며 명맥을 유지한 것이 바로 세탁용 합성세제다.

세척력을 높인다는 미명 아래 합성 계면활성제를 마구 첨가한 실제 세척력 면에서는 일반 세탁비누와 별반 차이가 없다. 또 아무리 깨끗이 헹구어도 첨가제가 옷 속에 잔류하기 십상이고 특히 속옷이나 유아복 등에 세제가 남으면 곧바로 아토피, 호흡기 질환, 가려움증 등 여러 가지 질병의 원인이 된다. 그에 반해 친환경 매장에서 파는 세탁용 가루비누는 합성세제에는 붙을 수 없는 칭호인 '비누'의 명예를 걸고 탄생한 친환경 물품이다. 세척력은 물론 분해가 빠르고 몸과 환경에도 안전하다. 세 번 정도 헹구면 옷에 세제가 잔류하지 않는다니 물 절약, 시간 절약까지 덤으로 얻을 수 있어 즐겁다. 형광증백제의 표백효과만 쫓다가 건강도 잃고 하천까지 오염시키는 우를 범하지 말자.

73 다용도 세척제와 섬유유연제 자극 없이 말끔하게

다용도 세척제 500ml 2,800원
섬유유연제 1,000ml 3,500원

합성 계면활성제나 인공향, 인공색소, 형광표백제를 쓰지 않고도 대단한 힘을 자랑하는 다용도 세척제가 있다. 와이셔츠 깃에 뿌려 놓고 조금 있다 비비면 깨끗하게 때가 빠진다. 혹시 독한 화학약품이 든 게 아닐까 하고 원료를 유심히 살펴보니 야자유, 정제수, 소금, 미생물, 레몬오일 등이 주재료다. 빨래 외에도 욕실이나 부엌 청소 등 집안 곳곳에서 빛을 발하니 더욱 예뻐해 줄 수밖에.

섬유유연제도 마찬가지다. 빨래를 매끄럽게 하고 은은한 향을 더하기 위해 섬유유연제를 쓰기도 하는데 문제는 옷에 잔류한다는 것. 옷에 잔류하는 세제 찌꺼기가 얼마나 많은 피부와 호흡계 질병을 야기하는지는 알고 있다면 옷에 남아도 안전한 저자극 제품을 골라 쓰자. 이런 제품은 몸에도 안전하지만 물에도 안전하므로 더욱 안심이다.

가정용 미생물 미생물의 도움으로 생활에 윤기를

최근 '살림 좀 한다' 하는 주부들의 손에 빠짐없이 들려 있는 것이 바로 미생물 액제다. 이른바 EM(Effective Micro-organisms)이라는 이름을 달고 등장한 이 미생물 액제에는 효모, 유산균, 누룩균, 광합성균, 방선균 등 80여 가지의 미생물이 들어 있는데 악취제거, 수질정화, 산화방지, 남은 음식물 발효, 작물 성장촉진 등에 효과가 있다고 밝혀졌다.

살아 숨쉬는, 눈에 보이지도 않는 생물들의 다재다능한 힘은 구석구석 발휘되지 않는 곳이 없다. 특히 이 미생물들이 청소 하나는 제대로 해 낸다는 소문이 자자한데, 싱크대나 화장실 청소, 빨래에 사용하면 손쉽게 때를 제거할 수 있을 뿐만 아니라 세제 사용도 줄일 수 있다. 이 외에 수제 비누를 만들 때나 머리를 감을 때 이용해도 좋고 텃밭 작물에 뿌려 주면 더욱 튼튼하게 자란다. 쓰면 쓸수록 수질 정화에도 기여한다니 더욱 신통한 물건임에 틀림없다.

다용도 미생물 1L 4,900원
EM 1L 4,000~5,000원

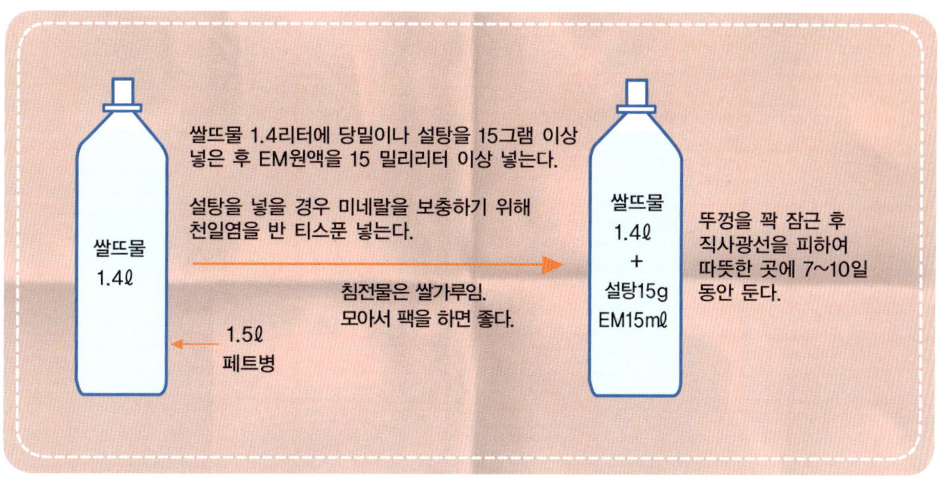

세숫비누 투명한 피부미인으로 거듭나기

우리 몸에 가장 자주 사용하는 세숫비누. 아침 저녁으로 하루를 열고 닫으니 가히 필수품이라 할 만하다. 이런 저런 기능을 첨가한 클렌징 제품이 나오고 있지만 화장한 얼굴에는 천연 곡물 클렌징으로 닦아 주고 천연 비누로 씻어 주면 그보다 더 말끔한 세안법이 없다. 기능이 많이 첨가되면 될수록 화학첨가물에 얼굴을 더 많이 노출시키는 것이라고 생각하면 된다.

다행스럽게도 요즘 나오는 세수비누에는 합성 계면활성제가 거의 들어가지 않는다. 하지만 다양한 향을 위해 넣는 인공 향료는 여전히 문제가 된다. 내 손으로 직접 만들어 쓰는 핸드메이드 비누 만들기 강좌가 인기인 이유는 바로 이 때문인데 내 손으로 만드니 당연히 안전하고, 피부 성질에 따라 그에 맞는 천연 재료와 향을 사용할 수도 있으니 트러블 걱정도 안심이다.

개인이 혼자 각각의 원료를 구입하여 만들기 어렵다면 모임이나 동호회를 통해 함께 만들거나 완제품을 구입해 보자. 이 역시도 여의치 않다면 생협 매장을 두드려 보자. 천연 재료를 주로 이용한 제품 중 내 피부에 맞는 것을 골라 쓸 수 있다.

미용비누 110g X 4개 4,300원
수제 어성초비누 100g 8,500원
유아비누 90g X 3개 3,200원

76 샴푸 머리에 화학약품을 쓰지는 말자

지나친 깨끗함과 외모 지상주의로 밥은 안 먹어도 머리는 꼭 감는 사람이 많다. 머리를 자주 감으면 오히려 비듬이 많이 생기고, 더 강력한 비듬 샴푸를 찾게 되는데, 이는 화학약품에 머리를 집어넣는 것과 같은 자학 행위다. 비듬 샴푸를 10만 배 희석한 용액에 물고기를 넣었더니 등뼈가 휘었다는 실험 결과도 있다.

샴푸의 유해성이 알려지자 제조회사는 식물성 성분을 첨가한 제품들을 속속 출시하고 있다. 그러나 알로에나 숯, 창포 등 식물성 원료가 들어갔다는 샴푸들도 그 성분을 따져 보면 주성분은 합성 계면활성제이고, 합성보존료인 파라벤도 들어 있어 모발과 두피를 상하게 하고 물을 오염시키는 것은 마찬가지다. 샴푸는 머리카락과 두피뿐 아니라 얼굴에도 닿는다. 비누로 머리를 감으면 처음엔 뻣뻣하나 차차 부드러움을 느낄 수 있지만 그렇게 기다릴 마음의 여유가 없다면 천연 성분의 샴푸를 이용해 보자. 피부보호는 물론, 불필요한 화학첨가물이 없으니 탈모 예방효과와 보습효과까지 기대할 수 있다.

자연그대로 샴푸
750ml 9,800원

 77 치약 삼켜도 괜찮을까?

하루 세 번, 삼분씩 하도록 권하는 양치질. 하지만 치약에 대해 고민을 갖는 이들은 그리 많지 않다. 치약은 알레르기 발생률이 화장품의 두 배에서 다섯 배에 달하는데 그 원인은 치약 속의 계면활성제와 습윤제, 방부제, 감미료, 향료 등 각종 합성화학물 때문. 계면활성제는 물론이고 단맛을 내기 위해 사카린을 쓰고 고운 빛깔을 내기 위해 인공 색소를 빠뜨리지 않을 뿐만 아니라 충치 예방 효과로 들어가는 불소는 대표적인 독성물질로 골암 등 여러 가지 질병을 일으킬 수 있다. 세계보건기구(WHO)에서도 6세 미만의 어린이는 불소 양치를 못하게 권할 정도.

치약도 세제의 일종이라는 것을 잊지 말자. 계면활성제와 불소, 인공감미료 등이 들어 있지 않은 치약을 찾아야 한다. 입안에 머무는 것이니 삼켜도 안전한 것을 선택해야겠다.

無불소치약 170g X 2개 5,000원
어린이치약 100g X 2개 3,400원

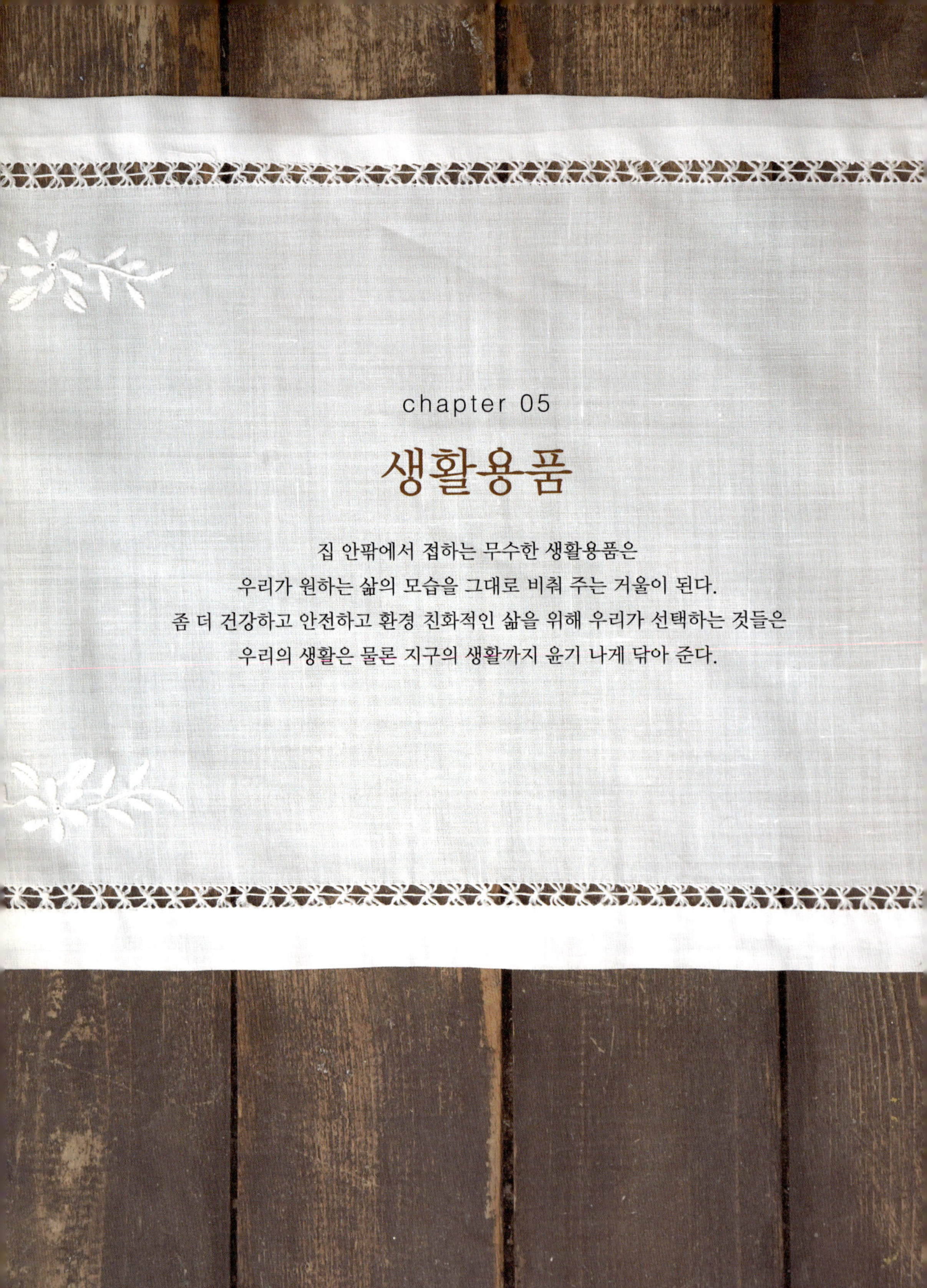

생활용품

집 안팎에서 접하는 무수한 생활용품은
우리가 원하는 삶의 모습을 그대로 비춰 주는 거울이 된다.
좀 더 건강하고 안전하고 환경 친화적인 삶을 위해 우리가 선택하는 것들은
우리의 생활은 물론 지구의 생활까지 윤기 나게 닦아 준다.

화장품 피부에 바르는 것이라면 자연에 가깝게

사람도 자연의 일부이니 피부도 자연스러울 때 가장 강한 자생력을 가지며 더불어 아름다운 빛을 발한다. 게다가 피부는 나름의 재생 능력을 갖고 있으므로 과도한 관리는 오히려 피부의 적이다. 하지만 건조함과 각질, 주름에 대한 고민 해결은 많은 여성의 바람으로 외면할 수는 없는 현실이니 이왕이면 먹을 수 있을 정도로 안심이 되는 천연화장품을 권한다.

옛날 여인들이 녹두나 팥을 갈아 각질을 제거하고 천연 기름을 사용하여 주름을 관리하였듯이 생각을 조금만 바꾸면 어려울 게 없다.

직접 천연화장품을 만들어 쓰는 것이 힘들다면 최대한 인공 첨가물을 배제하고 피부에 좋은 천연성분을 듬뿍 넣어 만든 화장품을 찾아보자. 냉장 보관해야 하는 불편함이 있긴 하지만 건강한 아름다움을 오랫동안 지키고 싶다면 한번 시도해 볼 일이다.

밀크로션 150ml 21,000원, **수성에센스** 40ml 21,600원, **연지(립글로스)** 4,800원, **자연팩** 115g 12,400원

의류와 잡화 모든 자원에 패션을 입힌다

'주변에서 버려지는 물건들을 순환시키겠다'라는 철학을 가지고 만든 패션의류와 액세서리가 젊은 층을 중심으로 조금씩 파장을 일으키고 있다.

이들 의류와 잡화 등은 새 원단과 부자재가 아닌 헌옷가지와 소파 조각, 현수막 등을 재활용하여 새로운 형태의 디자인과 기능으로 재탄생하는데 고유한 디자인으로 몇 점씩만 만들어지는 것이 특징이다. 소재의 특성상 멋스런 빈티지 스타일이 주를 이루고 개성 있는 젊은 디자이너들의 독창적인 작가 정신이 고스란히 묻어난다. 유행이 지나 버린 남성 정장을 트랜디한 여성용 스커트로 탈바꿈시킨다든지, 버려진 소파 가죽을 벗겨 최고급 소재의 정장 핸드백을 만드는 것 등이 이들의 작업이다.

버려지는 자원을 되살려 하나의 패션 아이콘으로 재탄생시키는 이들의 패션 디자인에는 아름다움, 그 이상을 담은 생태 철학이 고스란히 녹아 있다.

제품에 따라 가격과 종류 다양

개운한 아침을 약속하는 편안한 잠자리1

하루 중 삼분의 일을 함께해야 하는 이불이 합성섬유라면 제 아무리 환경호르몬의 유해성을 생각하여 음식을 가려 먹는들 유해성에서 자유로울 수 없다. 일단 합성섬유로 만든 환경호르몬의 문제를 안고 있기 때문. 물론 천연 소재라고 해서 모두 안전한 것은 아니다. 실크로 만든 이불은 천연이긴 하지만 경제성이 떨어지며 세탁이 편하지 않아 불편하고 양모와 오리털도 천연이지만 곰팡이, 진드기 번식 방지를 위해 방부제 처리를 많이 하기 때문에 찜찜하다. 목화솜의 경우도 재배와 유통과정에서의 농약 때문에 유해성이 있다. 하지만 이 중에 그나마 안전한 소재를 고른다면 목화솜으로 만든 이불이다. 햇볕에 충분히 말리고 바람이 잘 통하는 곳에 자주 널었다 사용하면 크게 해롭지는 않다.

당연히 이불커버나 패드는 천연 면 소재에 천연 염색을 한 것이 좋다. 몸에 닿는 부분이니 통풍과 흡습성이 좋아야 잠자리 내내 뽀송뽀송 편안하다. 거친 음식이 우리 건강을 지키듯 조금은 거친 듯 투박해 보이는 침구가 내 몸을 편안하게 하는 법. 편안한 잠자리는 아무리 강조해도 지나치지 않다.

천연염색 패드와 이불 88,000~330,000원

베개 개운한 아침을 약속하는 편안한 잠자리2

하루의 삼분의 일, 즉 여덟 시간 정도 내 머리를 받쳐 주는 베개는 외출복을 고를 때보다 더욱 신경 써서 선택해야 하는 품목이다. 잠을 잘 자야 하루가 편하고 장수하기 때문.

베갯속을 싸고 있는 겉싸개 부분은 수면 중에 배출되는 땀과 분비물을 흡수할 수 있도록 흡습성과 발수력이 뛰어난 천연 섬유여야 한다. 뒤척이다 보면 얼굴도 닿게 되니 꼭 천연 소재임을 확인한다.

베갯속으로 많이 쓰이는 양털이나 오리털은 천연이지만 진드기에서 자유롭지 못하여 아토피의 원인이 되고, 시간이 지나면 냄새도 나서 자주 바꿔 주어야 한다. 추천할 만한 베개는 갖가지 한약재나 씨앗을 말려 만든 베개다. 천연 염색한 베개에 천연 소재를 베갯속으로 넣어 만든 것인데 사용해 본 이들은 한결같이 머리가 맑아졌다며 칭찬한다. 게다가 이런 베개의 속재료들은 일정 기간 사용 후 햇볕에 말려 다시 넣으면 새것처럼 뽀송뽀송한 느낌을 주니 참으로 경제적이다. 자연의 기운이 잘 깃든 생명 베개이다.

아토피용 보습제 자연에 가깝게 돌봐 줘야지

아토피 질환이 생기면 바르는 것에도 신중을 기하게 마련. 보습이 중요하다 보니 아토피 전용 제품을 찾는다. 그러나 빠른 효과를 나타내는 전용 제품 중에는 스테로이드제 성분이 들어 있을 수 있으므로 꼼꼼히 살펴야 한다.

스테로이드는 강력한 항염제이지만 오랫동안 사용하면 천연 스테로이드를 생성하는 몸속 부신의 기능을 떨어뜨려 합성 스테로이드제에 중독되는 결과를 낳는다. 더구나 피부가 얇고 투명해지면서 탄력까지 잃게 되는 부작용이 생길 수 있으니 더욱 조심해야겠다.

아토피는 자연에 가까워야 나을 수 있는 병이다. 스테로이드제가 들어 있지 않다 해도 화학첨가물이 들어 있다면 배제하고 무조건 천연 재료가 중심이 된 것들을 골라야 한다. 방부 효과가 있는 목련은 물론 자몽, 황벽, 프로폴리스, 키토산 등의 추출물을 사용하여 무방부제를 실현한 제품들을 사용하는 것이 좋겠다. 바르는 것뿐 아니라 먹을 것, 입을 것 등의 환경을 모두 조화롭게 살피는 정성이 아토피 증상의 완화를 기대할 수 있다는 것도 명심해야 한다.

아토로션 150ml 19,000원
아토세럼 60ml 14,500원
아토크림 70g 16,000원

대나무숯 배냇저고리 23,800원
황토신생아출산용품 **5종세트** 59,800원
유기농 **아기배냇저고리** 35,000원
유기농 **아기옷** 22,000~120,000원

아기옷 자연과 닮은 우리 아기 건강하게 키우기

요즘 젊은 엄마들은 먹이는 것부터 입히는 것까지 아이를 위한 것이라면 손수건 한 장도 함부로 구입하지 않는다. 이를 극성스럽게 보는 이들도 있지만 낯선 세상에 태어난 내 아이에게 가장 자연스럽고 안전한 세상을 접하게 하고 싶다는 엄마의 마음을 누가 막으랴. 환경오염으로 아토피란 병명이 감기처럼 일반화되고, 이름 모를 각종 질환에 시달리는 아이들이 늘다 보니 친환경 제품에 눈길을 돌리는 것은 당연한 일이다.

이에 천연 소재와 천연 염색으로 아이들의 입을거리를 책임지는 업체들도 생겨나고 있다. 이들 제품을 선택할 때에는 일단 국내에서 안전하게 생산되는 제품인지, 친환경 인증 원재료를 사용하는 공신력 있는 업체인지 꼼꼼하게 살피도록 한다. 아기의 연약하고 고운 피부에 형광표백제나 포름알데히드와 같은 발암성, 알레르기성 염료로 만들어진 옷을 입힐 수는 없다. 유해 성분이 아기의 숨결을 통해 체내로 들어갈 생각만 해도 정말 끔찍한 일이다.

84 면 생리대 — 여성의 몸은 생명의 뿌리

생리대를 만들기 위해 매년 무수히 많은 나무가 베어져 펄프로 만들어진다. 사용 후에도 오백 년 동안 썩지 않고 환경호르몬을 방출하면서 땅과 물을 오염시키고, 소각할 경우 다이옥신을 비롯한 각종 유해가스를 방출한다. 지구 환경을 생각지 않더라도 당장 내 몸에 끼치는 유해성 역시 놀라운 수준이다. 일단 나무 펄프는 가공하는 과정에서 누렇게 변색되는 것을 막기 위해 형광표백제를 사용하는데 이는 대표적인 발암물질이다. 혈액을 흡수해 젤로 만드는 흡수재를 포함하여 부직포, 방수필름, 점착테이프 등은 모두 석유화학제품으로 환경호르몬을 유발해 끊임없이 여성의 건강을 위협한다. 자궁의 건강은 단지 여성의 몸에만 국한되는 여성만의 문제가 아니다. 성별을 떠나 생명이 잉태되는 곳이기 때문이다.

이제 몸과 지구의 건강을 위해 과감히 일회용 생리대를 저버리고 면 생리대를 선택하는 결단이 필요하다. 면 생리대 사용 후 생리통이 없어지고 피부도 깨끗해짐을 경험한 이는 다시는 일회용 생리대를 찾지 않는다. 사후 처리도 지레 겁먹지 않아도 될 만큼 그리 어렵지 않다.

특대형 9,000~13,000원
중형 6,000~8,000원
소형 5,000~7,000원

85 숯침대 — 수맥까지 차단하는 침대

아토피가 있거나 좀 더 확실한 숯의 효능을 경험하고 싶다면 숯침대를 권한다. 눅눅한 장마철에도 개운하고, 생각보다 허리도 아주 편하다. 겨울에는 적당히 기분 좋은 온도가 유지되어 숯의 효능을 온몸으로 실감할 수 있다. 땀이 많은 아이들에겐 뽀송뽀송함 때문에 더욱 좋다.

숯침대를 만들 때는 소나무로 침대 틀을 먼저 짜는데 소나무향이 계속 나 잠자리에 들 때 기분도 그만이다. 양질의 소나무 침대 틀 안에 숯이 가득 들어 있으면 수맥을 차단하는 효과도 있으니 숯의 무한한 효능을 가득 맛보는 셈이 될 듯하다.

이 밖에 숯침대는 새 가구에서 나오는 유해함이 없어 환경호르몬에 대한 우려를 한방에 날려 준다. 요즘은 이것저것 범람하는 정보에 물건을 고르기가 오히려 어려울 때가 많은데 숯침대는 그런 고민 없이 구입할 수 있는 몇 안 되는 제품 중 하나다.

숯침대 1인용 160~180만원, 2인용 200~280만원

숯이란 '신선한 힘'이란 뜻을 지닌 우리말로 예로부터 악귀를 쫓는 힘이 있다고 전해져 온다. 우리의 전통 식생활에서는 더러움을 제거하는 역할로 많이 쓰였는데 간장이나 동치미를 담글 때 숯을 넣어 정화한 것이 그 예이다. 최근의 과학적 분석과 임상 실험을 보면 숯을 굽는 과정에서 생겨난 미세한 구멍들이 강력한 흡착력, 제독력을 지녀 각종 유해 전자파와 방사선 등을 차단하는 효능을 지니고 있음도 밝혀졌다. 숯의 미세 구멍은 나무에 고열을 가했을 때 생기는데 구멍이 많으면 많을수록 숯의 효과가 높아진다. 굽는 과정을 두세 번 반복할수록 더 많은 구멍이 생겨난다.

또 숯은 씻거나 끓여 다시 사용하면 거의 반영구적으로 사용할 수 있다. 그러나 단순한 습기, 냄새 제거와 토지개량에는 어떤 숯이건 괜찮지만 먹는 물이나 취사용, 목욕용, 전자파 차단 등의 용도에는 단단하고 물에 가라앉는 백탄이 좋다. 백탄은 섭씨 1,000~1,100도까지 온도를 올려 구운 것인데 숯 표면에 재가 허옇게 남아 있어 백탄이라고 한다.

탈취와 습기, 곰팡이를 제거한다는 명목 하에 무수히 많은 화학제품들이 쏟아지고 거기에서 나오는 유해성분으로 오히려 인간이 위협받고 있다. 이러한 현실에서 숯 하나면 환경도 살리고 경제도 살리니 탁월한 선택이 될 것이다.

참숯 1.5kg 10,500원
대나무숯 1.5kg 11,000원

요즘 뜨는 대나무 숯

효능 면에서 참숯보다 우수성을 인정받는다. 상당한 흡착력으로 일본인들이 자랑하는 비장탄보다도 우수하다. 다량의 알칼리 성분을 함유하고 있으며 숯 자체의 다공질 표면적이 커서 효과가 월등히 우수하다.

벽지 | 공기정화기보다 먼저 벽지를

집안의 실내 공간에서 가장 넓은 면적을 차지하는 것은 구석구석마다 빠짐없이 발라진 벽지다. 인테리어의 일부분으로 여겨지기 때문에 대부분 색감이나 질감 등을 가장 먼저 고려하는데 원부자재에 대한 유해성에도 관심을 가져야 한다. 건축 내장에 쓰이는 석고보드의 휘발성 유기화합물(VOC) 배출농도가 $3\mu g/m^2h$인데 일반 시중의 벽지는 $3,833\mu g/m^2h$에 이를 정도로 많은 유해물질을 배출하는 점을 인식한다면 그저 미적 요소만으로 벽지를 선택할 일이 아니다.

환경 친화적인 벽지는 아토피 환자 등 면역력이 약한 이들에게 더욱 관심을 끄는데 보통의 벽지가 공업용 접착제와 톨루엔, 벤젠, PVC를 뒤범벅하여 만들어지는 반면 환경 친화적 벽지는 천연 종이 위에 소나무가루, 황토, 옥 등을 천연접착제로 붙이거나 천연 색소로 곱게 색을 들여 최대한 유해물질을 억제한다. 시공할 때도 밀가루 풀을 쑤어 발라 휘발성 유기화합물이나 포름알데히드가 검출되지 않는 것은 물론, 음이온이나 피톤치드 등을 방사해 실내공기를 쾌적하게 가꾸어 주기도 한다. 종류별로 세련된 디자인과 색감을 갖추고 있어 일반인에게도 좋은 평가를 받고 있다.

114

88 7 가구 안락함 속에 도사린 위험을 걷어 내자

나름 환경호르몬을 막기 위해 천연 벽지와 장판으로 말끔히 도배를 마쳤는데도 몸이 가렵고 재채기가 나고 머리가 띵하다면 가구를 의심해 보자. 싱크대를 비롯하여 대부분의 가구들이 목재 조각을 접착제와 버무리고 압착해 만든 판을 사용한다. 이런 재질로 만든 새 가구에서는 포름알데히드와 같은 화학가스가 배출될 수 있다. 점액분비선을 자극하는 이 가스는 재질에 따라 1년까지 지속되므로 되도록 원목 가구를 구입하고, 요소 포름알데히드를 함유한 니스가 표면에 칠해지지 않은 것을 꼭 확인해야 할 것이다.

오래된 가구를 물려받는 등 재활용하는 것도 좋지만, 패브릭 소파처럼 진드기나 곰팡이가 살 가능성이 있는 제품은 과감히 처분해야 한다. 새 가구를 사면 먼저 환기를 잘 시켜 빨리 유해가스가 빠지게 하고 숯을 이용해 유해성분 제거에 도움을 받는 것도 유용한 방법이다.

가구에 따라 종류와 가격 다양 (MDF 가구보다 1.5배~15배 이상 비쌈)

모기장 살충제로 사람 잡는 일은 이제 그만!

여름철이면 어김없이 등장하는 모기는 피부를 무차별하게 공격하여 밤잠을 설치게 만드는 방해꾼이다. 이때 손쉽게 찾게 되는 것이 가정용 살충제인데 밀폐된 방에 뿌려 놓고 환기를 잘 하지 않거나 밤새 모기향을 피워 놓는 일이 없도록 해야 한다. 의도적으로 생명체를 죽이기 위해 만든 화학물질이라 사람에게도 잠재적인 독성이 있기 때문이다.

모기향은 원래 제충국의 꽃에서 추출한 천연 피레트린을 살충 성분으로 이용했지만 지금은 합성 피레트로이드계를 이용한다. 이 성분은 약효가 오래 가기는 하지만 분해가 잘 되지 않는 단점이 있다. 전자모기향도 똑같은 살충 성분을 분사하기 때문에 몸에 해롭기는 마찬가지다. 뿌리는 모기약의 경우는 퍼메트린, 알레트린, 에스바이올 등의 살충 성분을 갖고 있는데 이 성분들 모두 구토, 어지럼증, 피부발진, 경련을 일으키는 환경호르몬으로 알려져 있다.

물불 가리지 않는 모기로부터의 공격을 피하기 위해서는 모기장을 이용하는 것이 최고다. 펼치기만 하면 세워지고 손쉽게 접히는 모기장도 등장해 간편하게 이용할 수 있다.

모기장 크기에 따라 11,000~40,000원

자전거 어떠한 공해도 낳지 않는 이동의 자유로움

치솟는 유가로 자동차에 시동 거는 일이 두렵기만 하다. 하지만 발 디딜 틈 없이 가득 찬 지하철이나 아무리 기다려도 오지 않는 버스를 생각하면 대중교통을 이용하는 것도 쉽지 않은 현실.

거리에서 지각이나 하지 않을까 고민하고 있을 때 쏜살같이 눈앞을 가로지르며 신나게 달려 나가는 '자출사족', 이른바 자전거로 출퇴근을 하는 사람들을 보고 그 대안을 찾을 수 있지 않을까?

자전거는 일단 내 몸의 근력을 제외하고는 별도의 에너지가 필요하지 않아 친환경적이다. 자동차처럼 오염물질을 내뿜지도 않고 짜증나는 교통체증에 시달리지 않아도 되며, 30분 운행으로 132킬로칼로리를 소모하는 최고의 전신 운동이기도 하다. 게다가 경제적이기까지 하니 일석삼조다.

자전거를 고를 때에는 용도를 명확히 하는 게 좋은데 산악용 MTB, 레저용 하이브리드 등 다양한 종류가 있지만 출퇴근, 통학용으로는 생활 자전거면 족하다. 구입할 때는 인터넷 쇼핑몰보다는 직접 타 보고 내 몸에 꼭 맞는 자전거를 선택하도록 한다. 믿을 수 있는 회사의 제품인지, A/S는 확실한지 등도 꼼꼼히 따져 보는 것이 좋다.

생활자전거 10~20만원

상자 텃밭 잎도 먹고, 꽃도 보고, 열매도 냠냠

메마른 도시 생활에서 살아 있는 식물을 가까이 두고 키워 보는 것은 정서적 안정과 환경 개선을 위해서도 필요한 일. 직접 길러 보면서 자라난 작물을 먹을 수도 있는 상자형 텃밭은 아이들의 교육에도 큰 도움이 된다.

상자형 텃밭은 텃밭으로 쓸 상자와 배양토, 거름, 씨앗 또는 모종만 있으면 어디서든 간단하게 마련할 수 있다. 상자는 시중에서 판매하는 대형 화분을 이용해도 되지만 못 쓰는 스티로폼 상자 바닥에 구멍을 뚫어 사용하는 것이 작물에도 좋고 자원도 재활용할 수 있어 일석이조다. 배양토는 막힌 공간이라는 특수성을 감안하여 상토용 경량토를 구입해 쓰고, 거름도 친환경 제제를 구입한다. 마지막으로 계절에 맞게 씨앗이나 모종을 장만하면 기본 준비는 마친 셈. 이제 두 팔을 걷어붙이고 보드라운 흙에 직접 파종하고 가꾸는 일만 남았다. 고추, 토마토, 배추, 오이 등 시장에서나 볼 수 있었던 작물을 내 손으로 가꾸고 수확하는 즐거움에는 투자 그 이상의 가치가 있다.

상자 무료~200,000원
배양토 24L 10,000원대
친환경 거름 1kg 2,000원대
씨앗 1봉 1,000~3,000원

재활용 나눔가게 순환을 통해 나눔을 실천하다

아름다운 가게는 시민들로부터 사용하지 않는 물품을 기증받아 판매하고 그 수익금으로 주변의 어려운 이웃과 단체를 돕는 비영리단체다. 전국 100여 개 이상의 매장에서 연간 750만 건 이상의 물품이 기증되어 새로운 주인을 만나고 있다.

옷장 구석에 고이 간직되어 있던 옷가지와 신발, 책, CD, 장난감, 생활용품 등이 자원 활동가들의 손을 거쳐 매장에 진열되면 누군가의 손에서 다시금 요긴하게 쓰일 수 있는 훌륭한 자원으로 거듭난다. 아름다운 가게 외에도 구세군의 희망나누미, YMCA의 녹색가게 등 재활용 나눔 가게가 전국적으로 늘어나고 있다. 저렴한 가격에 필요했던 물건들도 구입하고 동시에 어려운 이웃들도 도울 수 있으니 망설일 이유가 없다. 여러 종류의 물품들이 하나하나 다른 모습과 사연을 담고 있기에 매장 안을 구경하는 재미도 덤으로 얻어 볼 것.

매장 서울, 대전, 원주, 대구, 광주, 제주 등 전국 100여 개 (131쪽 참고)
영업시간 오전 10시 30분~오후 6시

장난감 도서관 집안을 장난감 창고로 만들지 말아야

아이 장난감을 하나둘 사 모으다 보면 집안은 온통 알록달록 장난감들로 넘쳐난다. 아이는 쑥쑥 크는데 주변에서 돌려쓰는 것도 한계가 있고 원하는 데로 사 주자니 들어가는 비용도 만만치가 않을 때 이럴 때 각 지역의 보육전문기관이나 복지단체 등에서 운영하는 장난감 도서관을 이용해 보자.

서울시보육정보센터에서 운영하는 녹색장난감 도서관의 경우 연회비 1만원만 내면 도서관에 있는 모든 장난감들을 무료로 빌릴 수 있는데 한번에 두세 점을 14일 동안 대여할 수 있고 택배로도 받을 수 있으니 왕래하기 힘든 가정에서도 손쉽게 이용할 수 있다.

적은 연회비라 과연 위생적으로 관리될까 의심스러울 수도 있지만 많은 자원봉사자들과 전문지식을 지닌 보육 교사들이 상근하면서 꾸준히 장난감을 관리하고 아이의 발달 수준에 맞게 장난감들을 구비하기 때문에 비교적 안심할 수 있다.

장난감은 사는 데도 적잖은 비용이 들어가지만, 얼마 쓰지 않고 처리하는 데도 환경적 비용이 들 수밖에 없다. 장난감 도서관은 이 모두를 해결하고 이웃 간에 나눠 쓰는 정까지 얻을 수 있는 곳이므로 많이 이용토록 하자.

연회비 무료~15,000원, **대여료** 무료~4,000원

재생 공책 _{사라진 산을 되찾을 순 없지만}

산림이 점점 사라져 지구의 오존층이 파괴되고 지구 온난화가 가속화된다고 연일 언론에서 떠들어 대고 있지만, 이젠 그런 말들에 익숙해져서인지 조금은 무덤덤해진 것이 사실이다. 오히려 1인당 종이 사용량은 '문화의 바로미터'라고까지 칭하며 끊임없이 증가하고 있다.

종이의 원료가 나무의 섬유인 펄프라는 것을 자각하며 적극적으로 재활용할 수 있는 방안을 찾는다면, 사라진 산을 되찾을 순 없지만 더디게 할 수 있는 대안은 된다. 네덜란드의 종이 재활용 비율은 96.1퍼센트라고 하니 배울 건 배워야겠다. 재생지라면 누렇고 거친 종이만 떠올리는데 기술의 발달과 제대로 분리된 재활용법을 지키면 얼마든지 새 종이 못지않은 질을 얻을 수 있다. 일반 용지로 만든 공책이 대세이지만 재생용지로 만든 공책이나 메모지도 많이 나와 있으므로 눈여겨 볼 일이다.

신문지 연필 _{폐지의 알뜰한 변신}

인터넷으로 온갖 신문을 볼 수 있다지만, 마룻바닥에 펼쳐 놓고 한 장 한 장 넘기며 읽는 신문은 여전히 매력적이다. 이런 아날로그의 매력이 살아 있기에 신문은 여전히 날마다 문 앞에서 독자들을 기다린다.

최근에는 뉴스뿐 아니라 다양한 정보와 광고를 담아내기 위해 분량이 늘어났는데 그러다 보니 한 3일만 지나도 묵직한 잡지 분량이 나온다. 하루만 보고 버려지기에는 아깝기에 이러한 신문은 다시 신문지로 재탄생하거나 택배 상자를 만드는 데 사용된다.

그러나 색다른 재생의 길을 걷는 신문도 있다. '신문지 연필'이 그것인데 나무 대신 신문지를 압축해 만드는 이 연필은 자원은 돌고 돈다는 순리가 그대로 재현된 것이기도 하다. 소량으로 생산되기 때문에 일반 연필보다 다소 비싸지만, 신문 재활용에 관한 참신한 아이디어에 칭찬과 점수를 주고 싶다.

신문지 재생연필 1,500~2,500원

재생 공책 2,000~10,000원

유아용 9,000원부터, **경기용** 39,000원

환경교육 교구 재미있는 에너지 교육

예측할 수 없이 변동하는 유가는 현재 우리가 겪고 있는 에너지 위기를 실감케 할 뿐만 아니라 에너지 절약과 재생가능 에너지 개발에 대한 참여와 관심을 기울이게 만든다. 그 실천 방안의 하나로 미래를 책임질 아이들에게 에너지에 대한 기본 개념을 세워 주고 지속가능한 사회 발전을 위한 대안들을 스스로 찾아 나갈 수 있도록 교육을 통해 기회를 마련해 주어야 할 것이다. 이런 과정을 통해 환경에 관심이 없던 아이들도 에너지 절약과 재생가능 에너지에 대해 자연스럽게 습득하고 생활 속에서 실천할 수 있을 것이다.

말로 아무리 설명하는 것보다 여러 가지 에너지 관련 실험들을 직접 함께 해 보면서 체험을 통해 느끼게 하는 것이 효과적이다. 자전거 앞에 매달고 달리면 바람개비가 돌아가며 빛을 내는 교구로 풍력에너지를, 모자에 태양 전지판을 달아 선풍기 바람을 일으키는 교구로 태양에너지의 힘을 몸소 체험할 수 있도록 하는 것도 좋은 방법.

풍력발전기 6,000~7,000원
태양전지 실험세트 11,000~480,000원

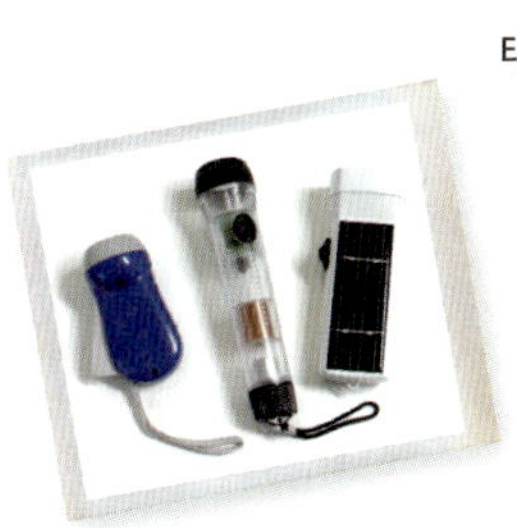

축구공 만드는 이도 공을 차는 이도 신나

전 세계 축구공의 70퍼센트를 생산하는 파키스탄 시알코트 지방에서는 12세 미만 아이들이 하루 열네 시간씩 손이 부르트도록 축구공을 만들고도 고작 100원 정도의 임금을 받는다. 우리의 아이들이 신나게 공을 차고 있을 때, 나라 밖 또 다른 아이들은 최저 임금 이하의 돈을 받고 교육 기회를 박탈당한 채 고사리 손을 부지런히 놀릴 수밖에 없는 것이다.

공정한 무역 거래를 통해 축구공을 선택해야 하는 이유는 이 한가지로 충분하다. 엄청나게 쏟아 붓는 광고, 마케팅 비용과 중간 유통 마진을 줄이는 대신 축구공에 대한 정당한 대가를 치룰 수 있다면 만드는 이에게도 축구는 희망이 될 수 있을 것이다.

품질? 이렇게 만든 똑같은 축구공이 다국적 기업의 브랜드를 달고 최고급 축구공으로 전세계에 수출되고 있으니 염려는 붙들어 맬 지어다. 공정무역 축구공은 아름다운 가게 등 친환경 매장 또는 인터넷 쇼핑몰에서 검색하면 구입처를 쉽게 찾을 수 있다.

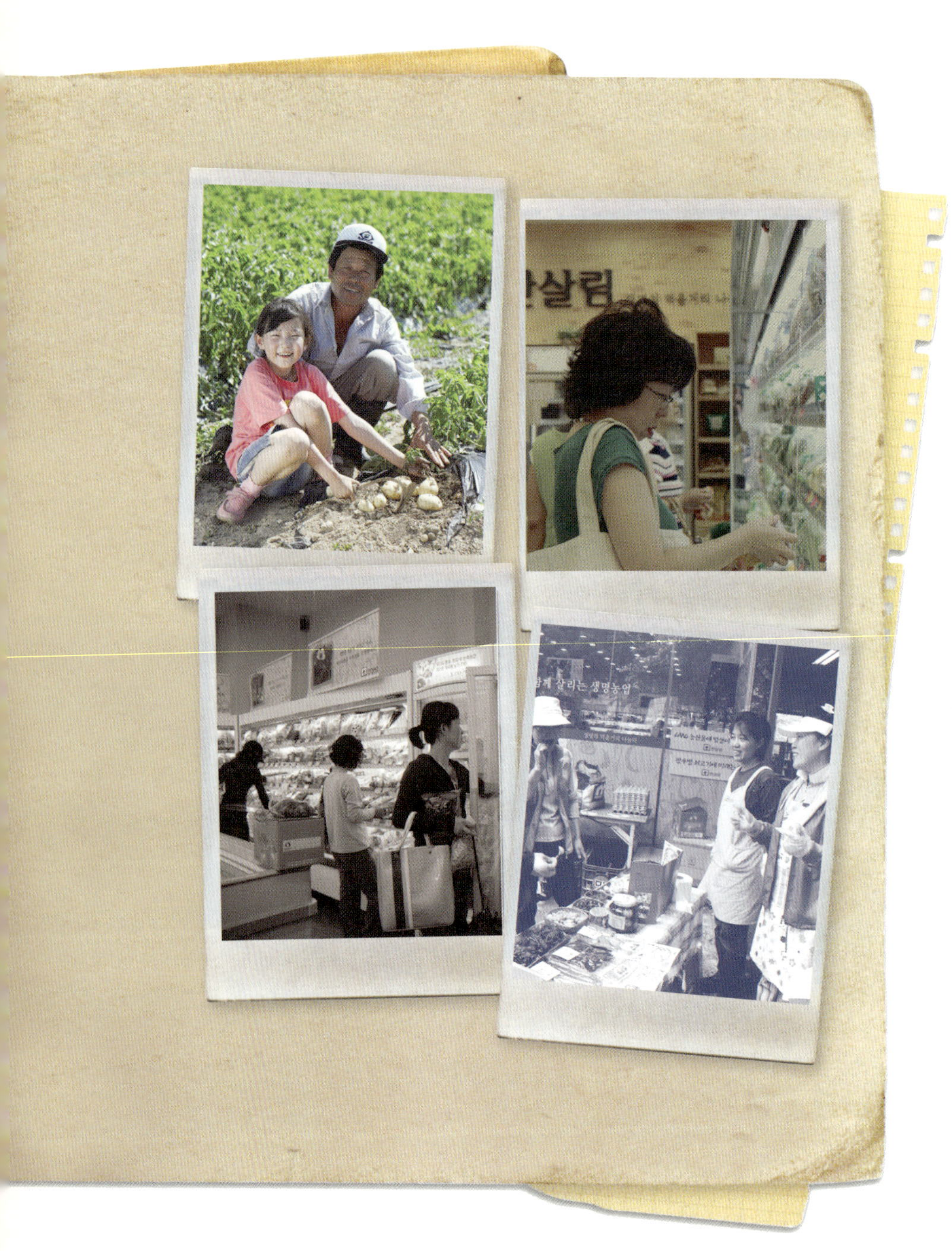

생활협동조합 함께 힘을 합쳐 더 나은 생활을

도심에서는 먹고, 입고, 생활하는 데 따져야 할 것들이 너무나 많다. 맛과 품질, 청정과 안전을 강조하는 업체 쪽의 광고만 믿고 배신당한 게 한두 번이 아니고, 안전한 의식주 해결을 위한 정부의 역할 역시 기대에 못 미치기는 마찬가지다. 결국 내 손으로 직접 따져 가면서 고르고 만들어 먹고 쓰는 것이 가장 좋겠지만, 생업을 포기하고 매달릴 수도 없는 노릇.

생활협동조합은 이런 고민 해결을 위해 일반인들이 함께 설립한 조합 단체이다. 안전하고 믿을 수 있는 먹을거리와 생활용품을 공동 개발해 구입하거나, 복지, 보육 서비스를 함께 이용하는 등 개별적인 조합 설립의 목적에 따라 여러 분야에서 누구라도 조합원으로 가입해 활동할 수 있다. 국내 대표적인 생활협동조합의 종류와 이용방법은 이 책의 뒤에 소개해 놓았다.

실외등 태양으로 불 밝히다

실외등 중에 별도의 배전설비 없이 태양광만을 이용해 스스로 전기를 만들고 불을 밝히는 기특한 조명기구가 있다. 제품마다 장착되어 있는 태양전지판이 태양에너지를 받아 전기에너지로 변환해 모아 두었다가 어두워지면 광센서로 자동으로 불이 켜지는 구조다.

전력소의 전기를 쓰지 않으므로 일체의 전기료가 들지 않는 것은 물론, 복잡한 전기 배선이 필요 없기 때문에 설치비가 거의 들지 않으며, 햇빛이 있는 장소라면 어디라도 들여 놓을 수 있다.

태양광 실외등은 전원주택 같은 단독주택에서 수요가 많은데 외벽에 붙이거나 기둥으로 세우는 등 형태와 디자인이 다양하고, 전지판에 따라 별도의 관리 없이 5년에서 20년까지 쓸 수 있다.

태양광 실외등 15,000~600,000원

믿고 살 수 있는 친환경 매장

현재 국내 친환경 농산물의 인증은 국립농산물품질관리원에서 '저농약', '무농약', '전환기', '유기농' 네 종류로 구분하여 시행하고 있다. 저농약이란 유기합성농약과 화학비료는 기준 사용량의 2분의 1을 사용하되 제초제는 전혀 사용하지 않고 재배한 것을 말하며, 무농약이란 화학비료는 기준량의 3분의 1을 사용하되 유기합성농약과 제초제를 사용하지 않고 재배한 것을 말한다. 전환기란 무농약 재배를 시작한 후 유기농 인증을 받기 전까지 이행 기간 중 재배한 것을 말하고, 유기농이란 일정 기간 화학비료와 유기합성농약을 사용하지 않고 재배한 것으로 식품첨가물을 넣지 않고 유전자조작 식품이 아닌 것을 말한다. 이러한 상품을 파는 친환경 매장으로는 어떤 곳이 있는지 정리해 보았다.

● 생활협동조합

생활협동조합법에 의해 소비자가 조합원으로 가입하여 만들어진 공동체로 일정 출자금과 조합비를 납부해야 이용할 수 있다. 대부분 인터넷으로 주문할 수 있고 일주일에 1회 배송되므로 홈페이지를 참고한다. 곡물, 채소, 과일, 축산물, 장·양념 반찬 등의 기본 품목은 모든 생협이 비슷하지만 가공식품이나 생활용품 등은 생협마다 조금씩 다르다.

한살림
02-3498-3600 www.hansalim.or.kr

한살림은 한 집에서 살림하듯 더불어 살자는 뜻. 가입비와 출자금을 내고 조합원으로 가입하면 제품을 구입할 수 있다. 100퍼센트 국내산을 판매하는 것을 원칙으로 한다. 생명, 생태, 공동체를 기치로 한살림 운동을 전개한다.

- **매장** 서울·경기 50곳, 기타 지역 60곳
- **방법** 지역생협 조합원으로 가입한 뒤 출자금과 가입비 납부(지역마다 회원 가입 절차가 약간씩 다름)
- **배송** 지역매장별 주 1~2회 공급(주문 마감일 제도)
- **품목** 기본 품목 + 두부·어묵·묵 / 수산·건어물 / 떡·빵·잼 / 면·만두·피자 / 건강식품·꿀 / 차·음료·유제품 / 과자·빙과 / 화장품 / 생활용품

아이쿱생협(구. 한국생협연대)
1577-0178 www.icoop.or.kr

지역주민운동으로 출발한 부평생협을 모태로 1997년 경인지역생협연대를 출범한 뒤 현재 한국생협연구소를 비롯해 지역생협활동을 지원하기 위한 생협연합회와 유기농 도매시장을 운영한다.

- **매장** 서울 8곳, 경기 16곳, 기타 지역 41곳
- **방법** 지역생협 조합원으로 가입한 뒤 출자금과 조합비 납부(지역마다 조합비와 가입 절차가 약간씩 다름)
- **배송** 날마다 오후 11시 주문 마감 뒤 3일 내 배송
- **품목** 기본 품목 + 신선 가공식품 + 차·음료 / 수산물 / 건재 / 간식거리 / 건강식품 / 면·만두 / 친환경생활용품

두레생협연합회
02-3283-7290 www.dure.coop

'생협수도권연합회'를 모태로 출발. 2004년 '지역생명운동'이라는 새로운 정체성을 확립하고 '두레생협'으로 개칭했다. 생산이력시스템을 갖추고 있어 각 상품의 생산지, 생산자, 생산과정을 확인할 수 있다.

- **매장** 서울 12곳, 경기 29곳
- **방법** 지역생협에 가입한 뒤 출자금과 가입비 납부
- **배송** 지역 매장별 주 1회 공급(주문 마감일 제도)
- **품목** 기본 품목 + 가공식품 / 일일식품 / 차·음료 / 건강식품 / 생활용품 / 여름 기획 / 수산·건어물

정농생협
02-404-6247 www.jungnong.com

농민들의 모임인 정농회가 기반이 되어 운영되는 생활협동조합. 우리나라 조직적 유기농법 실천의 첫 출발점. 기존 4단계 인증을 넘어 물품에 따라 6~8단계로 기준 설정(비닐 멀칭, 퇴비의 질, 질산염, 종자, 경력 등을 종합적으로 고려).

- **매장** 서울 5곳
- **방법** 조합원으로 가입한 뒤 출자금과 가입비 납부(기본 교육 이수해야 함)
- **배송** 주 3회 공급(주문 마감일 제도)
- **품목** 기본 품목 + 두부·어묵 / 면·간식 / 가루음식·떡국 / 차·음료 / 건강보조식품 / 생활용품 / 화장품 / 천연염색 / 수산 / 건어물

콩세알을 심는 농부(풀무생협)
070-7764-9283 www.kongseal.com

6백여 명의 친환경 생산자가 주축이 되어 만든 온라인 유기농 유통매장. 오프라인 매장은 없다. 일반회원으로 가입한 뒤 이용할 수 있다. 생산지가 홍성군 홍동면 일대에 밀집되어 있다.

- **매장** 없음
- **방법** 일반회원으로 가입한 뒤 이용 가능
- **배송** 당일 오후 10시까지 입금 확인 뒤 2일 내 배송
- **품목** 기본 품목 + 가루식품 / 간식·면 / 차·음료 / 건강식품 / 환경생활용품

여성민우회생협
02-581-1675 www.minwoocoop.or.kr

한국여성민우회가 주체로 농업·환경·지역 살리기 활동을 펼쳐 왔다. 지역주민과 조합원을 대상으로 환경, 친환경 소비, 식품안전, 요리, 건강 등 강좌와 생산지 견학 및 요리, 노래, 책읽기, 영화, 생태목공 등 소모임, 생산자 1일 점장제, 여성생산자, 소비자 교류회 등을 운영한다.

- **매장** 서울·경기 12곳, 기타 지역 1곳
- **방법** 조합원으로 가입한 후 출자금과 가입비 납부
- **배송** 주 1회 공급(주문 마감일 제도)
- **품목** 기본 품목 + 우리밀제품 / 건강식품 / 환경생활용품 / 수산·건어물 / 차·음료

인드라망생협
02-576-1882 www.budcoop.com

도농 공동체운동을 통한 도시와 농촌의 친환경농산물 직거래를 구상하고 불교귀농학교를 수료한 동문들이 전국 각지에서 생산한 생산물을 공급한다.

- **매장** 전국 사찰 4곳
- **방법** 조합원으로 가입한 뒤 출자금과 가입비 납부
- **배송** 월요일 주문 마감 / 매주 목요일 발송
- **품목** 기본 품목 + 일일식품 / 간식 / 친환경생활용품 / 수산물 / 우리밀제품 / 건강식품

예장생협
02) 426-5801, 5803~4 www.yj-coop.or.kr

농촌과 도시, 자연과 인간이 함께 더불어 살아가는 건강한 세상을 이루기 위해 도시와 농촌의 크리스찬들이 손을 잡고 만든 생명공동체이다. 생활재를 받기 3일 전 오후 6시까지 인터넷이나 전화로 주문하면 지역별로 편성된 공급요일에 배송된다.

- **매장** 없음
- **방법** 조합원으로 가입한 뒤 출자금 납부
- **배송** 주 1회 공급(서울 및 수도권), 지방은 택배
- **품목** 기본 품목 + 신선식품 / 일반 가공품 / 수산물생선류 / 생활용품 / 여름생활재 / 선물용생활재 / 급식용

● 유기농 유통전문매장

친환경 식품을 판매하는 가게로 지역별 가맹점 형태로 운영되는 등 생활협동조합과는 조금 다르지만 다양한 친환경 상품을 많은 지역 매장에서 만날 수 있다. 여러 가지 참여활동을 통해서 소비자가 쉽게 유기농을 접할 수 있다.

무공이네
02-441-8266 www.mugonghae.com

친환경 유기농 식품을 비롯한 친환경 생활용품을 유통하는 곳으로 단순한 상품 유통뿐만 아니라 바른 생활문화를 만들어가는 곳이다.

- **매장** 전국 직영점 20여 곳 / 가맹점 11곳 / 농협 아침마루 입점
- **방법** 일반회원 / 로하스 회원(가입비와 월회비 납부 시 할인율 적용)
- **배송** 서울 · 경기 일부는 당일 배송 / 그 외는 익일 배송
- **품목** 기본 품목 + 간식 · 면 / 건강식품 / 차 · 음료 / 생활잡화 / 여성 / 문구 · 완구

초록마을
080-023-0023 www.hanifood.co.kr

초록마을 인터넷 사이트와 전국 2백여 초록마을 매장을 통해 국내에서 생산되는 친환경 유기농 식품 및 환경생활용품, 주류 등을 판매한다.

- **매장** 서울 46곳, 경기 50곳, 기타 직영점 111곳 / 가맹점 50여 곳
- **방법** 일반회원으로 가입한 뒤 구매가능
- **배송** 일반물품은 주문 뒤 익일 배송, 저온물품은 주문 이틀 뒤 배송
- **품목** 기본 품목 + 건강식품 / 간식 · 면 / 차 · 음료 / 생활용품 / 수산 · 건어물

유기농 녹색가게 신시
1644-6279 www.shinsi.com

(주)녹색세상의 유기농 유통 사업기구. 신시 매장을 시작으로 생태마을, 녹색문화사업, 출판문화사업 등을 운영하고 있다. 생산지 탐방 프로그램, 생태, 건강, 육아, 교육 등 다양한 분야의 정보 수록. 해외 유기농도 취급한다.

- **매장** 서울 · 경기 35곳, 기타 지역 80곳
- **방법** 일반회원으로 가입한 뒤 이용 가능
- **배송** 주 3회 공급(주문 마감일 제도) / 서울 · 경기 지역은 당일 배송
- **품목** 기본 품목 + 우리밀제품 / 간식 / 차 · 음료 / 건강식품 / 생활용품 / 수산 · 건어물

올가
080-596-0086 www.orga.co.kr

ORGANIC의 앞 네 글자를 줄인 '올가'는 풀무원에서 운영한다. 순수 한우, 아토피 전용 식품, 친환경 소재 생활용품 취급. 백화점과 대형할인마트 내 매장 운영, 체험상품, 산지체험 프로그램 운영, 매월 총매출액의 0.1퍼센트를 지구사랑기금으로 기부한다.

- **매장** 서울 · 경기 직영점 9곳, 전국 입점 매장 26곳(롯데백화점 등)
- **방법** 일반회원으로 가입한 후 구매 가능
- **배송** 서울 · 경기 지역 당일 배송 / 그 외 익일 배송
- **품목** 기본 품목 + 차 · 음료 / 건강식품 / 간식 · 면 / 생활용품 / 수산 · 건어물

유기농 미생채
02-3667-3691~3 www.misaengchae.com
www.healgreen.com

(주)GMF에서 운영하는 친환경 농산물 전문 유통점. 농민과 1천 여 명의 약사들이 참여. 뉴질랜드의 유기농 전문기업인 허클베리팜스&힐그린 또한 미생채가 운영한다. 아토피 등 건강제품에 강하다.

- **매장** 미생체-전국 19곳, 힐그린-전국 7곳
- **방법** 일반회원으로 가입한 후 구매 가능
- **배송** 전일 오후 5시 30분까지 주문 뒤 익일 배송
- **품목** 기본 품목 + 화장품 · 바디용품 / 허브 · 아로마 / 아토피 / 유기농의류

한마음 유기농 쇼핑몰
0505-625-6245 www.yuginong.co.kr

호남 최초의 유기농업 단체인 한마음공동체가 주최. 한
마음자연학교, 생태유치원, 장성여성농업센터 등도 운
영한다. 지역생산자 조직 및 공동체 물류센터를 갖추고
있다.

- **매장** 전국 56곳
- **방법** 일반회원으로 가입한 뒤 구매 가능
- **배송** 입금 확인 뒤 당일 배송
- **품목** 기본 품목 + 음료 · 차 / 환경생활용품 / 자연요법용품 /
  건강식품 / 간식 · 면 / 수산 · 건어물

유기농 스토리
02-3426-6204 www.organic-story.com

국내 최초의 유기농 수입식품 전문점. IFOAM 소속체의
국제 유기농 인증을 받은 제품을 취급한다. 산모 회원 가
입시 5퍼센트 할인제를 실시한다.

- **매장** 전국 백화점 수입식품 코너 및 유기농식품 코너(현
  대, 신세계, 롯데 등)
- **방법** 인터넷은 일반회원 및 비회원 구매 가능
- **배송** 입금 확인 뒤 익일 배송
- **품목** 해외 유기농 가공식품 조미료 · 소스 / 면류 / 음료수 /
  건과 · 무슬리 등

● 유기농 직거래
생산자가 직접 운영하는 친환경 쇼핑몰 모음

팔당생명살림 팔당올가닉후드
031-576-1771 www.paldangfood.com

유기가공식품회사, 유기농업농가, 소비자, 한국여성민우
회생협, 와부농협 등이 공동으로 출자하여 설립. 팔당의
영농조합 농민들이 만들어 믿을 수 있고, 서울에서 가까
운 팔당의 유기농산물을 직접 팔당공장에서 가공한다.
빵, 쿠키, 케이크, 잼, 반찬, 효소가 주요 제품.

아미마운트
063-652-0453 www.amimount.com

산지에서 농부가 직접 보내기 때문에 신선하고 안전하
다. 과일, 채소, 곡물, 기타 건강식품들을 판매하고 농촌
관광 및 체험활동도 신청할 수 있다.

아피스
031-460-8888 www.affis.net

농림수산식품부 산하기관인 한국농림수산부의 주관으
로 이루어진 농민 직거래 온라인 장터. 농산물 임산물,
축산물, 전통가공식품 등을 판매하며 식재료와 관련된
다양한 정보를 알 수 있다. 회원 가입 후 물건을 구입할
수 있으며 배송비는 무료다.

영양장터
054-683-0689 www.yygmarket.com

경상북도 영양군에서 생산한 제품을 생산지 가격 그대로
구입할 수 있는 곳. 고추, 야콘, 기타 농산물을 생산 · 판매
한다. 농촌체험 프로그램 진행.

한농유기농마을
033-333-3999 www.hannongfarm.co.kr

지구환경회복운동 돌나라 한농복구회 산하 국내 10개
지부 가운데 하나이다. 농산물과 자연방사유정란을 생
산 · 공급. 야콘즙, 솔환, 케일분말 등 농가공식품과 숯을
이용한 건강용품도 판매한다.

두물머리농장 대지향
054-843-0501 http://www.dumul.com

두물머리농장에서 직접 재배한 유기농산물을 주원료로
야채효소 '대지향'을 생산한다. 탄산음료와 수입 오렌지
주스에 맞서 우리의 유기농 음료를 모두가 저렴하게 마
실 수 있다. 딸기따기 체험 행사를 매년 실시한다.

나에게 맞는 유기농 가게 찾기

채식인이라면?

육식에 입맛이 젖은 사람들도 채식으로 식습관을 바꾸는
데 어려움이 없도록 콩과 글루텐(밀)을 사용해서 채식고
기를 만든 제품과 달걀, 동물성 원료, 화학조미료, 방부제
가 들어가지 않는 순수한 채식 웰빙 먹을거리를 제공한다.

베지푸드 www.vegefood.co.kr　해바라기 ww.62nong.org
베지월드 www.vegeworld.net　채식사랑비즌 www.vegn.co.kr
베지랜드 www.vegeland.com　베지테리아 vegeteria.co.kr

직접 보고 사야 안심된다면?

온라인에서 직접 사는 것은 믿을 수 없다. 지역 매장에서
꼼꼼히 살펴보고 장을 보는 세심형이라면 살고 있는 지
역에서 가까운 곳에 친환경 매장이 있는지 살펴본다.

- 아이쿱생협, 한살림, 두레생협, 정농생협, 여성민우회생
  협, ECO생협
- 무공이네, 초록마을, 올가, 미생채, 한마음유기농쇼핑몰,
  유기농 녹색가게 신시, 유기농 스토리, 온라인 유기농도
  매센터, 총각네 야채가게

싱글에게 딱 좋은 매장은?

싱글은 적은 양을 파는 곳이 딱 좋다. 자주 장을 보지 않
고 한번 장을 보면 냉장고에 넣어 오래 두고 먹는 이에게
소량 포장으로 판매하는 친환경 매장을 추천한다.

무공이네 www.mugonhae.com　힐그린 www.haelgreen.com
농군마을 www.canaanmall.com　이팜 www.efarm.co.kr
미생채 www.misaengchae.com　올가 www.orga.co.kr

아이가 있는 집이라면?

아이가 있는 곳은 더더욱 먹을거리, 입을거리, 생활용품
에 신경 쓰게 마련이다. 먹을거리뿐만 아니라 아이에게
필요한 각종 분유, 이유식, 기저귀, 유아화장품, 장난감 등
친환경물품을 판매하는 곳을 소개한다.

유기스토어 www.62store.com　신시 www.shinsi.com
해가온 www.hegaon.com　힐그린 www.healgreen.com
미생채 www.misaengchae.com

구입하는 것으로만 만족 못해!

생태환경운동에 관심이 있고 소비자와 생산자의 건강한
관계를 꿈꾸는 분들에게 생활협동조합을 추천한다. 조합
원 신분으로 생산과 유통 과정에 함께 참여할 수 있으며
소비자인 조합원이 농산물의 품질을 인증하는 '자주인증
제도'를 시행하는 곳도 있다. 보통 조합원들에게 다양한
교육과 활동을 제공한다.

두레생협 www.dure.coop
한살림 www.hansalim.or.kr
아이쿱생협 www.icoop.or.kr
여성민우회생협 www.minwoocoop.or.kr

산지체험에 가고픈 활동형

생산지 탐방과 주말농장, 논농사 체험 같은 생산 과정에
함께하거나 정월대보름, 단오, 가을걷이 등 절기별 축제
를 하는 곳이다. 요리, 생태목공, 건강과 관련된 교육강좌
와 지역회원 모임도 진행한다.

두레생협 www.dure.coop
콩세알 www.kongseal.com
여성민우회생협 www.minwoocoop.or.kr
인드라망생협 www.budcoop.com
신시 www.shinsi.com
무공이네 www.mugonhae.com
올가 www.orga.co.kr
한마음공동체 www.yuginong.co.k
한살림 www.hansalim.or.kr

아토피 벗어던지고파~

대개 친환경 매장은 먹을거리가 중심이지만 매끈한 피부
와 건강한 몸을 가꾸고 싶은 몸짱형을 위한 건강용품 및
생활용품이 많은 곳도 있다.

미생채 www.misaengchae.com
웰빙지기 www.wbzigi.co.kr
신시 www.shinsi.com
여성민우회생협 www.minwoocoop.or.kr

유기농 전문점 소개

축산물 씨알마트 www.crmart.co.kr 041)333-2945

산양유 엠젠 www.mgen.co.kr 02)2113-7130

소금 마하탑 www.mahatab.co.kr 061)275-0290

포도 · 와인
덕촌포도원 054)436-4028
사람과 땅 농장 054)533-8579

우리밀 우리밀 www.woorimil.co.kr 02)333-6123

유정란
눈비산마을 043)832-8063
산안마을 www.yamagishism.co.kr 031)353-3920

떡 · 한과　화성한과　www.jocheong.com　031)352-5422

식당
에코밥상 www.ecotable.co.kr 02)736-9136
문턱없는 밥집 02)324-4190
행복한밥상 02)994-5878
맛깔손 02)481-6292

미꾸라지 · 추어탕
청호농산 www.ichfarm.co.kr 055)973-6865
미당추어탕 www.midang.co.kr 031)295-6830

무쇠솥 운틴가마 www.전통가마솥.kr 051)244-9941

옹기
인월요업 www.inwol.com 0505)637-0010
예산옹기 yesanonggi.koreasme.com 041)332-9888

천연염색 약초보감 www.obang.net 031)821-9657

의류 · 잡화
에코파티메아리 www.mearry.org 02)743-1758
리블랭크 www.reblank.com 02)744-1365
쌈지농부 www.ssamzienongbu.com 02)333-7121

문구
공장 dcx www.dcx.co.kr
텐바이텐 www.10x10.co.kr

화장품
자연의벗 www.nature.or.kr 02)736-2901
바이오스펙트럼 www.ebiospectrum.co.kr
031)436-2090

유아복
베넷스토리 www.benetstory.com 051)754-3211
에코샵 www.ecoshop.kr 02)730-7333

면생리대
피자매연대 www.bloodsisters.or.kr 02)6406-0040
달이슬 www.moondew.co.kr 02)462-2808
이채 www.eechae.com 1544-8797

가구
운산공방 011-9010-8424
두물머리농장(숯침대)
www.dumul.com 031)772-6370
CAMA 031-393-6030
미루공방 www.i-miroo.com 042)485-0360

과학전문 교구
키트나라 www.kitnara.com 02)3675-6020

축구공
공정무역가게 울림
www.fairtradekorea.com 02)739-1201

재활용 나눔 가게
아름다운가게 www.bstore.org 1577-1113
구세군 희망나누미
blog.daum.net/nanumi2008 02)720-9494

벽지 · 장판
에덴바이오 www.edenwp.com 031)445-3106
토담벽지 www.todaam.com 02)844-0640

태양광 실외등 코스모스한보 032)670-8998

그 외
정농회 http://jeongnong.or.kr 02)984-2145
흙살림 www.heuksalim.com 043)212-0935
사)전국귀농운동본부
www.refarm.org 031)408-4080
서울특별시 녹색장난감 도서관
children.seoul.go.kr 02)753-0222

도심 속 생태살림법의 시작!

자연을 담는 쇼핑의 지혜

펴낸날 **초판 1쇄 2010년 2월 5일**

엮은이 **한살림(권옥자, 정영희, 윤미라, 김현경)**
펴낸이 **심만수**
펴낸곳 **(주)살림출판사**
출판등록1989년 11월 1일 제9-210호

경기도 파주시 교하읍 문발리 파주출판도시 522-1
전화 031) 955-1350 팩스 031) 955-1355
기획·편집 031) 955-4679
http://www.sallimbooks.com
lohas@sallimbooks.com

ISBN 978-89-522-1341-9 13590

* 값은 뒤표지에 있습니다.
* 잘못 만들어진 책은 구입하신 서점에서 바꾸어 드립니다.

책임편집 **윤주용**

살림Life는 (주)살림출판사의 실용서 전문브랜드입니다.

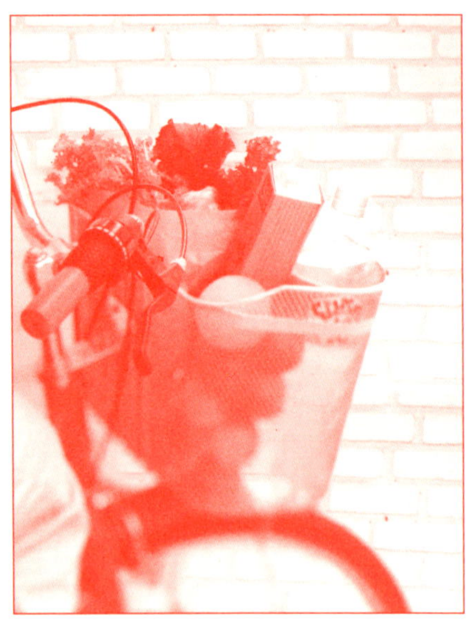

도시에서 생태적으로 사는 법
장바구니에서 시작합니다

쌈지농부에서 예술 같은 농사를 사랑하기 시작한 이래로 늘 건강한 삶, 건강한 먹을거리에 관심이 갑니다.
철 따라 음식을 먹는 일, 가치 있는 삶을 사는 일, 의미 있는 소비를 하는 일의 중요성을 깨달았기 때문이지요.
이 책에는 건강한 땅과 풍요로운 자연을 만드는 보석과도 같은 생활의 지혜가 가득 담겨 있습니다.
환경사랑, 농부사랑, 이웃사랑이 듬뿍 담긴 착한 책을 통해 건강하고 아름다운 삶, 가치 있고 의미 있는
소비를 경험해 보시기를 기대합니다.

– ㈜쌈지농부 대표 천호균